ulmer

Marion Albers

Spiele & Action für ausgeglichene Hütehunde

Border Collie, Australian Shepherd & Co. rassegerecht auslasten

70 Coole Spiele für kluge Köpfe

102 Problemzonen

Service

Vorwort zur 2. Auflage

Dreieinhalb Jahre nach der Erstausgabe dieses Buches geht es nun in die zweite Runde. Es ehrt und freut mich sehr, dass das vorliegende Buch seinen Weg in so viele Hände von Hütehund-Haltern gefunden hat! Das gab mir einen großen Motivationsschub, dieses Buch für seine zweite Auflage um weitere Themen rund um den vierbeinigen Hüter und seine Auslastung zu ergänzen:

- neue Auslastungsspiele,
- der Blick auf den überbeschäftigten Hund und die drohende Erwartungsspirale,
- Hundesportarten passend für Ihren Hütehund.

„Stielvoll" wird in einem der beiden neuen Auslastungsspiele trainiert. Mit dem Besenstiel in der Hand erleben Sie mit Ihrem Vierbeiner vielfältige Kommandomöglichkeiten – der Fantasie sind am Ende keine Grenzen gesetzt.

Für die Streber unter den Hütehunden (und dessen Halter) ist die Auslastungsidee der Spiel-Kombinationen hinzugekommen. Anhand von Beispielen erkläre ich, wie sich einzelne Spiele dieses Buches miteinander kombinieren lassen und so zu neuen, eigenen Beschäftigungsaufgaben werden.

Dass der alte Spruch „viel hilft viel" bei der artgerechten Auslastung unserer geliebten Hütehunde nicht zutrifft, erkläre ich in dem Kapitel „Der überbeschäftigte Hund". Lesen sie dort, dass eine Dauerbespaßung der Hunde eine Erwartungsspirale entstehen lässt, die weder Sie noch Ihren Hund glücklich macht.

Zu einer Vielzahl der hier im Buch genannten tierischen Beschäftigungen gibt es passende Hundesportarten. Welche Sportart zu welcher Beschäftigung am besten passt und wonach Sie suchen müssen, um den Sport vielleicht mit anderen Hundehaltern auszuüben, sehen Sie im Kapitel „Neue, tierische Hobbies".

Genießen Sie die gemeinsame Zeit mit Ihrem Hund bei den Aufgaben, Spielen und Beschäftigungen! Nehmen Sie sich für die Vorschläge im Buch Zeit, gönnen Sie sich und Ihrem Hund gute Laune und viel Spaß dabei. Ihr verbeiniger Partner wird es Ihnen danken!

Februar 2019
Marion Albers

Marion Albers mit ihrem Hund und dessen Kumpels.

Hütehunde und ihre Bedürfnisse

Mehr als nur Schafe hüten

Unsere arbeitseifrigen Hütehunde fordern eine passende Beschäftigungsform, die ihnen Spaß und Freude bereitet. Körper und Geist sollten dabei gleichermaßen in Anspruch genommen werden.

Tatsache ist: Ein Hütehund braucht keine Schafherde, um glücklich zu sein. Es gibt eine Vielzahl von Spielen und Beschäftigungen, die Ihren Hüter auslasten können. Gewusst, wie! Über tägliche Radtouren oder Jogging-Runden wird sich Ihr Hund zwar auch freuen, jedoch steigern derartige Betätigungen die Kondition. Die Folge: Die Touren müssten stetig wachsen, um den Hund „endlich" müde zu bekommen. Schon oft habe ich erlebt, wie Hütehunde nach einer langen Radtour in den Garten stürzten, um dort ihr Spielzeug zu schnappen und den Halter zu animieren, nun doch endlich gemeinsam mit ihm zu spielen. Das zeigt: Der Körper ist von der Radtour zwar relativ ausgelastet, der Kopf und der Spieltrieb jedoch noch lange nicht! Die eigene Leistungsgrenze ist den meisten Hütehunden zudem unbekannt. Geboren, um zu arbeiten und ihr Leben für den Job herzugeben, würden sie im wahrsten Sinne des Wortes arbeiten (und laufen) bis zum Umfallen ...

Damals wie heute müssen Hütehunde durch unsere Hilfe lernen, dass es auch Zeiten gibt, in denen Entspannung und Nichtstun angesagt ist. Helfen Sie Ihrem Hund dabei und verordnen Sie ihm Pausen! Bestenfalls hat Ihr Vierbeiner bereits als Welpe und Junghund gelernt, dass es Phasen gibt, die voll mit Beschäftigungsangeboten sind, und Phasen, in denen gechillt wird.

Natürlich lassen sich nicht alle Hütehundrassen über einen Kamm scheren und auch innerhalb der Rassen und Mischungen gibt es individuelle Besonder- und Eigenheiten. Sie kennen Ihren Vierbeiner und können am besten beurteilen, welcher Typ Hund Ihre Fellnase ist und welche Rasseeigenschaften besonders stark bis gar nicht vorhanden sind. Fordern und fördern Sie Ihren Hund nach seinen individuellen Stärken und Schwächen!

Treibball ist nur eine von vielen Beschäftigungen, die Hütehunde wunderbar auslasten können.

Hütehunde im Porträt

Dafür wurden sie „gemacht“: Jahrhundertelang züchtete man vierbeinige Gefährten, um Schafherden und andere Tiere beisammen zu halten und zu schützen. Die gängigsten Hütehundrassen im Kurzporträt.

Arbeitseifer pur: der Border Collie

Aufmerksamkeit, Sensibilität und Lebhaftigkeit sind drei Worte, die den Charakter von Border Collies sehr gut beschreiben. Sie entstammen alten, britischen Hütehundrassen und wurden damals im Grenzgebiet zwischen Schottland und England gezüchtet. Daher sein Name: Border = Grenze. Zur Zucht wurden nur diejenigen Hunde genommen, die am besten mit den Augen arbeiteten (fixierten).

Border Collies brauchen viel Beschäftigung, aber auch Phasen, in denen sie Ruhe finden. Ihr Lerntempo ist unglaublich schnell. Das hat sowohl positive als auch negative Seiten: So lernen Border Collies nicht nur das besonders schnell, was uns Freude bereitet, sondern auch Verhaltensweisen, die uns nicht so gefallen. Auch, wenn Border übersetzt Grenze bedeutet, so kennen die meisten Border Collies ihre eigene Leistungsgrenze nicht. Es ist die Aufgabe von uns Menschen, dieses Leistungslimit zu erkennen und den Hund in seinem Arbeitstrieb zu bremsen, um ihn vor gesundheitlichen Schäden zu schützen.

Kunterbunt: der Australian Shepherd

Intelligenz, Gelehrigkeit und „Will to please" sind die drei Worte, die den Australian Shepherd kennzeichnen. Sein Name ist allerdings irreführend, da der Ursprung dieser farbenfrohen Hunde nicht in Australien, sondern in Amerika liegt. Gezüchtet wurde der Australian Shepherd für die Hütearbeit. Das Hüten von Schafe zählte dabei genauso zu seinen Aufgaben wie die Hütearbeit mit Kühen und Enten. Bei der Zucht wurden nicht nur die besten Hüter ausgewählt, sondern auch die, die einen guten Wachdienst leisteten und Schutztrieb zeigten. Schließlich lag seine Aufgabe nicht nur im Hüten, sondern auch im Bewachen und Beschützen des Hofes und der Familie. Noch heute meldet ein „Aussie" bellfreudig, wenn sich im Haus oder im Garten etwas tut und neigt dazu, seine Familie zu beschützen.

Rein körperliche Beschäftigung wie Spazierengehen oder Fahrradfahren reicht nicht aus, um einen Australian Shepherd zu fordern. Anspruchsvolle Aktivitäten müssen es sein, um ihn physisch und mental auszulasten.

Hütepower im Kleinformat: der Miniatur Australian Shepherd

Die kleinen Australian Shepherds stehen ihren großen Verwandten in nichts nach! Mit einem „Mini-Aussie" haben Sie einen kleinen Hütehund, der zusätzlich zu seinen Hüteeigenschaften auch sehr viel Wachsamkeit mitbringt und gern bereit ist, seine Familie gegen potentielle Feinde zu verteidigen.

Im Herzen ist er sensibel und ein großer Fan von Gerechtigkeit und Feingefühl. Trotz seiner geringen Größe ist er in der Lage, auch größere Strecken am Rad mitzulaufen oder mit seinen Menschen zu joggen. Diese Mini-Hüter lernen extrem schnell – sowohl das, was uns Menschen lieb ist, wie auch das, was wir eher als Unsinn und Ungezogenheiten bezeichnen würden. Grundsätzlich möchte er jedoch seinem Menschen gefallen. Hat diese Rasse bereits von klein auf den Umgang mit Kindern gelernt, ist ein Mini-Aussie auch für Familien mit Kindern ein guter Begleiter.

Bärtiger Schotte: der Bearded Collie

Der große, langhaarige Hütehund hat einen vielseitigen Charakter: Er ist unabhängig und willensstark, aufmerksam und sensibel, lebhaft und selbstsicher. Über die Herkunft des Bearded Collies ist wenig bekannt. Es wird angenommen, dass die Urheimat in Osteuropa oder Asien liegt. Ab dem 15. Jahrhundert haben Bearded Collies in Schottland Schafe gehütet. Sie sollten aber nicht nur das Vieh treiben, sondern es auch gegen Raubtiere und Viehdiebe verteidigen. Dabei mussten die Beardies viele Entscheidungen alleine treffen. Oft arbeiteten sie ohne weitere Anleitung und fern ihrer Menschen mit dem klaren Wissen um ihre Aufgabe, nämlich die weit verstreute Viehherde zusammen zu treiben. Hatte ein Bearded Collie ein Vieh im Abseits gefunden, so machte er mit ausdauerndem Bellen auf sich aufmerksam. Besonders bellfreudige Beardies wurden damals zu Höchstpreisen gehandelt. Sein dickes, langhaariges Fell schützt ihn bei jedem Wetter und muss intensiv gepflegt werden.

Von den rauen Inseln: der Sheltie (Shetland Sheepdog)

Dieser kleine Hund hat großes Temperament, er ist intelligent, gutmütig, lernfreudig und steht in seiner Sportlichkeit seinen großen Hüte-Kollegen in nichts nach. Ursprünglich kommt der Sheltie von den Shetland-Inseln. Dort hatte er die Aufgabe, Schafherden zusammenzuhalten bzw. von Hof und Garten zu vertreiben. Um seine Hüteeigenschaften zu verbessern, wurden Collies eingekreuzt, daher auch die Ähnlichkeit mit dieser Rasse. Welche weiteren Rassen genau dazu verhalfen, dass er zum heutigen Shetland Sheepdog wurde, lässt sich nicht genau nachvollziehen. In unserer heutigen Zeit wird der Sheltie nur noch sehr selten für das Hüten eingesetzt. Eine gute Portion Bellfreudigkeit hat sich bis heute in den Shetland Sheepdogs gehalten. Insgesamt ist er ein lustiger, kleiner Kerl, der zumeist gute Laune hat – die er auch gern lautstark kund tut.

Innerhalb einer Familie akzeptiert ein Sheltie zwar alle Mitglieder, sucht sich jedoch zumeist eine bevorzugte Bezugsperson aus.

Junge Rasse: der Wäller

Anfang der 90er Jahre entstand der Wäller aus den beiden Rassen Briard und Australian Shepherd. Aufgrund der recht jungen Zucht hat der Wäller noch kein einheitliches Erscheinungsbild. Das liegt daran, dass mehr auf die charakterlichen Eigenschaften geachtet wird, als darauf, dass alle Hunde möglichst gleich aussehen. So gibt es sowohl Hunde, die eher nach dem Australian Shepherd kommen, wie auch Hunde, die ihre Nähe zum Briard verraten. Auch in der Fellfarbe ist nahezu alles möglich.

Der Hütetrieb des Wällers ist sehr unterschiedlich stark ausgeprägt. Seine Fröhlichkeit, sein freundliches Wesen, seine Robustheit und seine Sportlichkeit lassen ihn zu einem tollen, aktiven Familienmitglied werden. Den Arbeitsdrang und den Wunsch, Aufgaben zu meistern und gefördert zu werden, hat dieser Vierbeiner natürlich während seiner Entstehung aus Briard und Aussie nicht verloren. Auch er wünscht sich ausdrücklich, gebraucht zu werden, und einen Job (welcher Art auch immer) erledigen zu können.

Ein echter Schaf-Profi: der Australian Kelpie

Aus gleich mehreren Hütehundrassen entstand der Australian Kelpie. Gewünscht war ein Hütehund, der mit seiner großen Aufmerksamkeit, seinem Eifer und seiner Intelligenz Bauern und Viehhirten bei ihrer Arbeit unterstützt.

Wachsam und lautstark meldet er Besonderheiten in seiner Umgebung. Mittelgroß und athletisch mit kurzem Fell, sportlich und agil mit großem Bewegungsdrang ist er ein toller Begleiter bei jeglicher sportlicher Aktivität. Sein „will to please" ist stark ausgeprägt. Sieht ein Kelpie eine Schafherde, dauert es nicht lange, bis sich der Schalter in seinem Kopf umlegt und er scheinbar direkt ganz genau weiß, was er zu tun hat. Der Hütetrieb ist stark in seinen Genen verankert.

Seinen Menschen gegenüber ist der Kelpie treu und ergeben. Innerhalb seiner Familie zeigt er sich humorvoll, sensibel und kinderlieb. Zwar ist ein Kelpie gegenüber fremden Menschen zurückhaltend, doch dies ist er nicht aus Angst, sondern aus Vorsicht.

Edel und schön: der Collie

Einst brachten Römer ihre Hunde mit nach Schottland. Dort verpaarte man sie mit einheimischen Hunden und die Zucht von Collies begann. Die Collies sind eine der ersten Hütehundrassen, bei denen früh auf Schönheit gezüchtet wurde. Der ursprüngliche Hütetrieb ist daher über die vielen Jahre in den Hintergrund getreten. Gleiches gilt für die Ausdauer und den Arbeitswillen, was jedoch nicht bedeutet, dass der heutige Collie nicht gefordert werden will! Er freut sich über tolle Beschäftigungen und Aufgaben, fordert sie jedoch nicht so hartnäckig ein, wie Hütekumpels anderer Rassen.

Wer glaubt, dass aus einem Collie automatisch eine „Lassie" wird, wird enttäuscht. In diesem Punkt unterscheidet sich ein Collie nicht von all den anderen Rassen dieser Welt: Geduld, konsequente Erziehung und Einfühlungsvermögen sind auch hier gefragt, um einen ausgeglichen Begleiter auf vier Pfoten zu bekommen. Neben der langhaarigen Variante gibt es den Collie auch mit kurzem Fell, dann heißt er Kurzhaarcollie bzw. Smooth Collie.

Der Spanier: der Gos d'Atura Català

Der Katalanische Schäferhund stammt aus den spanischen Pyrenäen. Er wurde zum Führen der Herden eingesetzt und hat sich so in alle katalanische Hirtengebiete verbreitet. Auch heute ist der Gos d'Atura Català ein Hund der Hirten. Sein wuscheliges Fell schützt das muntere Kerlchen vor starker Sonne, vor Regen und Kälte.

Der Gos d'Atura Català leistet fast schon aufopfernde Arbeit für seine Herde. Seine Intelligenz lässt ihn bei seiner Arbeit eigene Entscheidungen treffen. Neben dem Hüten übernimmt er bei Bedarf auch den Job als Wachhund. Er liebt die Nähe zu seinen Menschen und gibt sich bei Gefahren mutig und tapfer. Mit passender Forderung und Förderung ist der Katalane ein glücklicher Hund, der treu auf Schritt und Tritt mit seinem Menschen durchs Leben geht. Hierzulande sieht man diese Rasse noch recht selten. Aufgrund seines starken Arbeitswillens eignet er sich vor allem für passionierte Hundesportler.

Mit oder ohne Bart: der Berger des Pyrénées

Der Pyrenäenhütehund ist eine Rasse, die über Jahrhunderte von der Gebirgslandschaft der französischen Pyrenäen und dem ursprünglichen Verwendungszweck – dem selbstständigen Hüten von Schafherden – geprägt wurde. Mut, viel Energie, ein hohes Maß an Intelligenz, Selbstbewusstsein und Selbständigkeit sowie Zurückhaltung und Misstrauen gegenüber Fremden gepaart mit hingebungsvoller Liebe für seine Familie beschreiben diese Hunde am besten.

Seine Bewegungsfreude gleicht oft einem wahren Feuerwerk! Um diese Lebhaftigkeit und Bewegungsfreude in passende Bahnen zu lenken, bedarf es Ausdauer und konsequente Führung durch seine Menschen. Sein Eigensinn bringt den einen zum Schmunzeln und den anderen zur Verzweiflung. Hat man es jedoch geschafft, von ihm als Führungsperson anerkannt zu werden, ist er treu und ergeben und freut sich, möglichst jede Minute des Tages mit seinem Menschen verbringen zu können.

Aus der Schweiz: der Appenzeller und der Entlebucher Sennenhund

Die Sennenhunde wurden gezüchtet, um Vieh zu treiben und zu hüten sowie um Haus und Hof zu bewachen. Bei dieser ursprünglichen Aufgabe mussten sie selbstständig Entscheidungen treffen. Sein Wachtrieb lässt ihn ungewohnte Geräusche oder Bewegungen lautstark melden. Diese Bellfreudigkeit findet man oft auch beim Training. Die große Energie gilt es in richtige Bahnen zu lenken und durch Forderung und Förderung zu entladen. Liebevoll ausgedrückt, kann ein Sennenhund eine Dampfwalze sein, die so manches Mal über das Ziel hinausschießt. Darüber hinaus sind diese Schweizer Hunde unbeschwerte, soziale Typen, dich sich gern bewegen und angemessene Beschäftigung fordern. Sie lernen gern und schnell. Aufgrund seiner ungestümen Art ist eine gewisse Standhaftigkeit der hundeführenden Familienmitglieder von Vorteil.

Besonders haarig: der Bobtail

Unter dem mächtigen Fell des „Old English Sheepdog" verbirgt sich ein Hütehund mit Ursprung in England. Gezüchtet wurde er, um die Herde in der Nähe seines Menschen zusammenzuhalten und zu beschützen. Auch heute, im Zusammenleben mit seinen Menschen, ist eine Trennung seiner „Herde" für einen Bobtail nahezu nicht auszuhalten: Trennt sich die Familie bei einem Spaziergang, wird dieser Hund alles dafür tun, um sie zusammenzuhalten. Treu, friedlich und folgsam mit einem großen Herz für Schwächere bringt er mit seiner clownhaften Art seine Halter häufig zum Schmunzeln. Wittert der Bobtail jedoch nahendes Unheil, so kann er ganz schnell den Schalter umlegen und zum Schutzhund werden, um seine Anvertrauten zu verteidigen. Ein Kamerad fürs Leben, wenn er genügend gefordert und gefördert wird.

Trotz der Größe ist diese Hunderasse sehr agil, schnell und ausdauernd. Die Fellpflege ist eine Herausforderung.

Was wollen Hütehunde wirklich?

Jede Hunderasse ist einst entstanden, um sie als Helfer des Menschen für ganz gestimmte Zwecke einzusetzen. So entwickelten sich tierische Spezialisten mit besonderen Eigenschaften.

Dieses Erbe ist noch bis heute in unseren Hunden erhalten und damit natürlich auch in unseren Hütehunden. Den Genen ist es zwar egal, ob es nun Schafe, Rinder oder Enten sind, die unser lieber Vierbeiner mit seinem natürlichen Trieb bändigt. Aber eines ist sicher: Der Wille zur Arbeit ist unseren Hütern angeboren. Wird dieser Arbeitstrieb nicht gezielt befriedigt, suchen sich viele von ihnen Ersatzbeschäftigungen, die nicht immer mit unseren menschlichen Vorstellungen zusammenpassen. Das kann sich etwa wie folgt äußern:

- Die Kinder der Familie (samt Besuchskindern) werden gehütet: Der Hund besteht darauf, dass alle nah zusammen bleiben.
- Autos, Fahrräder oder deren Scheinwerfer werden als Hüteobjekte auserkoren und laut bellend verfolgt.
- Andere Haustiere (manchmal sogar der Hundekumpel) müssen als „Ersatzschaf" herhalten.
- Unterforderte, gelangweilte Arbeitstiere können auch psychischen Schaden nehmen, der sich in Form von Verhaltensstörungen äußern kann: Kratz- und Leck-Ticks werden entwickelt, die eigene Rute wird mit stetigem Kreisdrehen gejagt, es entwickelt sich aggressives Verhalten.

Fehlende oder falsche Auslastung kann zum Beispiel eine Leinenaggression zur Folge haben.

Abwechslungsreiche Aufgaben, passend zum Talent des Hundes, festigen auch die Bindung zu seinem Menschen.

Durch angepasste Spiele und Beschäftigungen speziell für Hütehunde wird der Arbeitstrieb des Hundes kontrolliert und spielerisch ausgelastet. Ein schöner Nebeneffekt ist, dass die Bindung und das Vertrauen zwischen Ihnen und Ihrem Vierbeiner gestärkt werden.

Vielleicht gehört Ihr Partner auf vier Pfoten zu den Raketen, die sich bei rasanten, unkontrollierten Spielen hochschaukeln und dann kaum noch ansprechbar sind? Da will man seinem Hund etwas Gutes tun, wirft Ball für Ball und erfreut sich daran, dass er ihn immer wieder zurück bringt. Die Kehrseite: Liegt der Ball in Sichtweite oder weiß der Hund, in welcher Jackentasche sich das Spielzeug befindet, ist der sogenannte „Balljunkie“ kaum noch ansprechbar. Kommandos werden nicht oder nur sehr fahrig ausgeführt. Der Rest der Welt scheint egal zu sein. Das klare Ziel aus Sicht des Hundes: Der Ball muss fliegen! Und zwar sofort! Wenn wir Menschen das nicht verstehen wollen, versucht der Hütehund das Ballspiel gern auch lautstark einzufordern. Genau solche Situationen sollten vermieden werden. Stattdessen werden Sie in diesem Buch Spiele finden, in denen eine wirkliche Interaktion mit Ihrem Hund möglich ist und dieser nicht im Tunnel seines Triebes verschwindet.

Ein bedarfsgerecht ausgelasteter Hütehund ist ein wunderbarer Begleiter. Die Mischung aus Ruhe und Action mit Aufgaben, die den Kopf fordern, ist der Schlüssel zum Erfolg!

INFO

Die Mischung macht’s

Um unsere „arbeitslosen“ Hütehunde rassespezifisch auszulasten, benötigen wir eine gute Mischung aus Konzentration + Körpereinsatz + Ruhe + Action.

Der überbeschäftigte Hund

Es ist ein Phänomen unserer Zeit, dass Hunde einen hohen Stellenwert haben. Mit diesem Phänomen ist anscheinend das Bedürfnis gewachsen, Hunde ständig zu beschäftigen – und Hütehunde ganz besonders.

Ich habe Hütehunde kennengelernt, die einen anspruchsvolleren Stundenplan hatten als so manches Schulkind. Der Tag startet beispielhaft mit einer ausgiebigen Gassirunde inklusiver erster Trainingseinheit. Nach dem Frühstück folgte eine Schnüffelrunde im Haus mit versteckten Keksen. Während der Mensch sich dann um seinem Haushalt kümmerte, übernahm der Hund den Job als Bodyguard – für Haus und Halter. Zur Mittagszeit erneutes Gassi, diesmal mit den Hundefreunden der Nachbarschaft, damit der Hund sich richtig austoben konnte. Nachmittags Kopfarbeit mit Tricktraining in den eigenen vier Wänden. Am Abend ging es zum wöchentlichen Agility-Training im Hundesportverein. Dank Regen und matschigem Untergrund endete der Abend mit einer Hundeduschaktion. Nach dem Abendessen durfte die Fellnase endlich hundemüde ins Körbchen fallen.

Tausend Sportarten, dazu noch Kopfarbeit zu Hause – das kann schon mal etwas zu viel werden.

Zwischendurch ein wenig Langeweile tut sooooo gut!

Viel Pause, wenig Arbeit

Früher war das anders. Hunde hatten ihren festen Job. Es gab zum Bespiele Jagdhunde, Hütehunde und Wachhunde. Sie kamen zum Einsatz, wenn sie gebraucht wurden – und nur dann. Wenn es zur Jagd ging, wenn es galt das Vieh zu hüten oder wenn Fremde vom Hof vertrieben werden mussten. Mehr gab es für diese Hunde nicht zu tun. Dazwischen? Gähnende Langweile. Wunderbar!

Die Hunde wussten, dass der Mensch nicht ihr Entertainer ist. Sie hatten gelernt, dass „nichts zu tun zu haben" tatsächlich „nichts tun" bedeutet. Sie warteten entspannt auf den nächsten aktiven Einsatz.

Die Erwartungs-Spirale

Je mehr Entertainment unsere Hunde erhalten, desto mehr wächst ihre Erwartungshaltung, eben das von uns zu bekommen. Gerade für Hütehunde ist die Mischung aus Beschäftigung und Nichtstun extrem wichtig, um dauerhaft ausgeglichene Begleiter zu sein. Ein Leben als tierischer Workaholic ist genauso ungesund wie das Leben als tierische Couchpotatoe!

Richtig spielen und belohnen

Bereits der Weg zum Ziel ist ein Teil des Spiels! Um Ihrem Hund zu helfen, den richtigen Lösungsweg für ein Spiel zu finden, verstärken Sie sein richtiges Verhalten mit Hilfe einer Belohnung.

Finden Sie heraus, welche Art von Belohnung Ihr Hund richtig toll findet! Nicht jeder Hund ist ein Fan von Leckerlis. Beobachten Sie Ihren Vierbeiner und er wird Ihnen zeigen, was ihm große Freude bereitet und welche Art Belohnung ihn anspornt.

Tipps für das Belohnen mit Futter

Um eine Gewichtszunahme durch das Training zu vermeiden, ist es ratsam, die Belohnungsration von der eigentlichen Mahlzeit abzuziehen.

- Nutzen Sie kleine, weiche, schnell fressbare Goodies.
- Leckereien, die sich werfen lassen, eigenen sich für aktive Spiele besonders gut.
- Probieren Sie, ob Ihr Hund auch sein ganz normales Futter Schritt für Schritt erarbeiten mag.

Was mag es hier wohl Gutes als Belohnung geben?

Die Kunst des richtigen Timings

Die Schwierigkeit beim Training liegt unter anderem darin, genau den richtigen Moment zu erwischen, um den Hund zu loben und zu belohnen. Belohnt wird immer dann, wenn das augenblicklich beste zu erwartende Verhalten gezeigt wird. Diese Momente lassen sich gut mit Fotoaufnahmen eines Kleinkinds erklären, das lernt, sich fortzubewegen: Das erste Foto entsteht, wenn das Kind zum ersten Mal den Kopf alleine heben kann. Das zweite Foto erfolgt, wenn das Kind alleine sitzen kann. Die ersten Krabbelversuche sind auf dem dritten Bild zu sehen. Sobald das Kind stehen kann, folgt das nächste Foto usw. Für das Training mit Ihrem Hund bedeutet das: Nicht erst das Endergebnis wird gelobt und belohnt, sondern auch die vielen kleinen Schritte dazwischen. Jeder kleiner Fortschritt wird bejubelt und gefeiert!

Besonders empfehlenswert ist in diesem Zusammenhang die Arbeit mit einem Clicker. Ein Clicker wird mittels Daumendruck zum Knacken gebracht und erzeugt einen stetig gleichen Klang. Dieses „Knack“ zeigt Ihrem Hund, wann ganz genau er etwas richtig gemacht hat. Der Hund hat zuvor gelernt, dass dieses Knacken bedeutet, dass er sich einen Keks (oder eine andere Belohnung) verdient hat, den er auch unverzüglich bekommt.

Ob mit oder ohne Handschlaufe: Clicker gibt es im Fachgeschäft in vielen Formen, Farben sowie unterschiedlichen Klängen.

In der Kürze liegt die Würze

Die Trainingseinheiten sollten fünf bis zehn Minuten nicht überschreiten. Danach ist Pause angesagt! Hier sollte gedöst oder geschmust werden. Wilde Toberunden in den Pausen lassen Ihren Hund viel von dem gerade Gelernten vergessen. Nach zehn bis 15 Minuten kann die Übungsrunde wiederholt werden.

INFO

Schneller mit Clicker

Tests haben bewiesen, dass wir den Clicker deutlich schneller und zeitlich präziser bedienen, als Worte mit dem Mund zu formen. Der „Knack“ ist emotionslos, immer gleichklingend und damit ein ganz klares Zeichen für „richtig gemacht“!

Welcher Spieltyp ist Ihr Hund?

Auch innerhalb einer Rassegruppe gibt es unterschiedliche Talente und Neigungen. Mit dem nachfolgenden Test finden Sie heraus, welche Spiele und Beschäftigungen besonders gut zu Ihrem Hund passen.

Antworten Sie spontan und gleichzeitig überlegt. Am Ende verrät die Summe der Punkte, welcher Spieltyp Ihr Hund ist und somit, welche Spiele bei ihm für Spaß und Auslastung sorgen. Die entsprechenden Piktogramme finden Sie bei den passenden Spielen wieder.

Und so vergeben Sie Ihre Punkte: Wenn Sie ein Frage mit „immer" beantworten können, ist dies 10 Punkte wert. „Oft" steht für 7 Punkte, „manchmal" für 3 Punkte und „nie" für 1 Punkt.

Ob Powerpaket, entscheidungsfreudig, entspannt oder zaghaft: Für jeden Hundetyp gibt es passende Spiele.

Ihr Hund ist ...	Punkte
... ständig in Action und unter Strom?	
... ein echter Clown, der alle zum Lachen bringt?	
... ein „Glotzer", der schnell in den Hüte-Modus fällt?	
... eher mit den Augen als mit der Nase in der Welt unterwegs?	
... gehorsam und mit einem „will to please" ausgestattet?	
... neugierig und aufgeregt?	
... ein Angsthase?	
... ein Unruhestifter?	
... ein Pfiffikus, der für alles eine Lösung hat?	
... vorsichtig und zurückhaltend?	

Ihr Hund liebt ...	Punkte
... Bällchen, Stöckchen und Co.?	
... es, im Mittelpunkt zu stehen?	
... alles, was sich bewegt?	
... das Spiel mit anderen Hunden?	
... nur besonders tolle Leckerchen?	
... neue Aufgaben und Herausforderungen?	
... stetige Abwechslung?	
... häufige Ortswechsel und neue Gassi-Routen?	
... Kuscheleinheiten und Schmuserunden?	
GESAMT	

Punkteverteilung:		
	Immer	= 10 Punkte
	Oft	= 7 Punkte
	Manchmal	= 3 Punkte
	Nie	= 1 Punkt

Auswertung

Das Powerpaket

122-190 Punkte
Wow, Ihr Hund ist ein echtes Powerpaket! Er lebt seine „alten Gene“ immer wieder mal aus – ob nun mit imaginären Schafen beim Hüten oder mit Ball und Stöckchen als Ersatzbeschäftigung. Kann er diesem „Hobby“ nicht nachgehen, stellt er sich selbst gern in den Mittelpunkt und erntet dafür regelmäßig Lacher, Applaus und Streicheleinheiten.

Die richtigen Spiele für Ihr Powerpaket
Mit ruhigen Konzentrations- und kontrollierten Bewegungsspielen helfen Sie Ihrem Hund, seinen Kopf vielfältig zu nutzen, seinen Körper zu kontrollieren und damit eine ganzheitliche Auslastung mit Spaß zu erreichen. Longieren, Treibball und verschiedene Schnüffelspiele sind für Ihren Vierbeiner genau das Richtige, um seine Energie in kontrollierte Bahnen zu lenken.

Der Entscheidungsfreudige

76-121 Punkte
Ihr Hund macht sich seine Welt gern so, wie sie ihm gefällt. Er trifft seine eigenen Entscheidungen und die fallen zumeist zu seinen Gunsten aus – nicht unbedingt zu Ihren. Gleichzeitig steckt Ihr Vierbeiner voller Hütehund-Energie und zeigt, wenn er möchte, den klassischen „will to please“. Düfte sind seine Passion, ebenso wie das Spiel mit seinen Hundekumpels und gemeinsames Kräftemessen. Er liebt Abwechslung in seinem Alltag.

Die richtigen Spiele für den Entscheidungsfreudigen
Die passenden Spiele werden Ihnen dabei helfen, dass Ihr Hund zukünftig nicht nur an seiner Umwelt sondern auch an Ihnen interessiert ist und Sie trotz Ablenkung nicht mehr so schnell aus den Augen verliert. Ballspielvarianten, Ihr Körper als Sportgerät, Personensuche und Co. sind Spiele, bei denen die Bindung zu Ihnen weiter wachsen und die Energie des Hundes entladen wird.

TIPP

Das richtige Spiel

Auf den nachfolgenden Seiten sind die Spiele mit den farbigen Pfoten markiert, die Sie oben an der Auswertung finden.

„Sag mal, was bist du für ein Spieltyp?“

Der Entspannte

39-77 Punkte
Ihr tierischer Partner gehört zu den ruhigen und ausgeglichenen Hütern. Er liebt es, gestreichelt zu werden ohne etwas dafür tun zu müssen oder auch einfach in der Sonne zu relaxen. Er findet, dass Sport deutlich überbewertet wird und auch Denkspiele sollte man getrost den Menschen überlassen.

Die richtigen Spiele für den Entspannten
Anspornende Spiele lassen Ihren Hund neue Hobbys entdecken, die ihn aus der Reserve locken und viel Freude bereiten. Futtersuchspiele, Hütchenspiel, Personensuche sowie Longieren sind Beschäftigungen, bei denen auch Ihr Hund ordentlich in Fahrt kommen wird.

Der Zaghafte

19-38 Punkte
Skeptisch und zurückhaltend ist Ihre Fellnase? Ein gesundes Selbstbewusstsein wurde ihm nicht mit in die Wiege gelegt? Keine Sorge – in kleinen, spaßbringenden, ermutigenden Schritten wird auch Ihr Hund zu einem kleinen Helden!

Die richtigen Spiele für den Zaghaften
Hindernis-Lauf beim Gassi, Aufgaben-Gassi sowie Markentraining stärken durch viel positive Bestätigung und schnelle Erfolge das Selbstbewusstsein Ihres Hundes und werden ihm viel Freude bereiten.

Spiele-Spaß für Power-Pfoten

Vollgas – aber bitte kontrolliert!

Viele Hütehunde neigen dazu, so viel Energie in ihre Aktionen zu stecken, dass sie dabei schnell überdrehen. Weder bei der Arbeit an Schafen & Co. noch bei anderen Aktivitäten ist dies jedoch förderlich.

Die Kunst liegt darin, Spiele und Aufgaben so zu gestalten, dass sie durch uns vom Hund kontrolliert durchgeführt werden. Beginnt Ihr vierbeiniger Hüter sich hochzuschaukeln, brechen Sie das Spiel oder die Aufgabe ab und fordern ihn auf, zur Ruhe zu kommen.

Bringen Sie Ihrem Hund bei, dass das Wort „Pause“ auch wirklich bedeutet, dass gerade keinerlei Aktivität stattfindet. Schlau wie Hütehunde nun mal sind, wird Ihr Vierbeiner zunächst alles probieren, um Sie vom Gegenteil zu überzeugen: Anstupsen, Kläffen, Clownerei. Bleiben Sie konsequent!

Die nachfolgenden Spiele und Aufgaben sind kontrollierte Spiele. Hier wird die konzentrierte Aufmerksamkeit des Hundes zum Menschen gefordert, um ans Ziel zu kommen und Spaß zu haben.

Lautstark versucht „Junior“ seine Spielregeln durchzusetzen. Durch konsequentes Verhalten seiner Menschen wird er lernen, dass auch er Regeln zu befolgen hat.

So sieht wohl das Spielzeug-Paradies für viele Hütehunde aus. In Pausenzeiten sollte jedoch besser kein Spielzeug frei zugänglich sein.

Die in diesem Kapitel vorgestellten Spiele wie Abstandsarbeit, Umrunden und Treiben sind eine sportliche und körperliche Anlehnung daran, was ein Hütehund auch an Schafherden zeigen musste bzw. muss. Der Einsatz an der zu hütenden Herde ist damals wie heute ein „Teilzeitjob“ mit vielen Pausen. Kein Hütehund ist dauerhaft über den Tag damit beschäftigt, die Herde zu hüten. Es sind viel mehr kurze und intensive Einsätze der Hunde.

Grundsätzlich sind Hütehunde dazu in der Lage, auch über einen längeren Zeitraum Bestleistung zu zeigen. Viele von ihnen würden dabei sogar ihre eigene Leistungsgrenze überschreiten. Je mehr ein Hund es gewohnt ist, viel Entertainment von Ihnen zu bekommen, umso mehr wird er es auch fordern.

TIPP

Step by step

Fordern und fördern Sie Ihren Hund immer wieder in kleinen Trainingseinheiten und er wird es Ihnen mit Ausgeglichenheit danken.

Umrunden von Gegenständen

Das Umrunden von Gegenständen ist anspruchsvoller, als es auf den ersten Blick erscheint. Ihr Hund lernt objekt- und ortsbezogen. Wechselnde Objekte und Örtlichkeiten gestalten daher das Training jedes Mal spannend!

ZIEL DES SPIELS

Der Hund soll einen bestimmten Gegenstand rechts- oder linksherum umlaufen.

BENÖTIGT WIRD

- Ein fester, großer Gegenstand, der etwa 1 m hoch ist (Mülltonne, Poller, Stuhl, Sessel oder ähnliches)
- Kekse oder eine andere Belohnung
- Ein Clicker

SO GEHT'S

Sie stehen mit Ihrem Hund vor dem Gegenstand, Ihr Vierbeiner ist an Ihrer rechten Seite. Nun setzen Sie Ihr linkes Bein an dem Gegenstand vorbei, führen Ihre linke Hand vor Ihrem Körper zum Hund und führen ihn damit in einem Bogen von rechts nach links (also gegen den Uhrzeigersinn) um den Gegenstand herum. Folgt Ihr Hund der Hand nicht, nehmen Sie einen Keks zur Hilfe.

Bei den ersten Durchgängen geben Sie dem Umrunden noch keinen Namen. So wird vermieden, dass Ihre Fellnase eventuelles Fehlverhalten mit dem Kommando verknüpft.

Klappt das Umrunden mit dieser Vorgehensweise neun von zehn Mal gut, wird das Kommando hinzugefügt. In der Hütesprache heißt zum Beispiel das Bewegen des Hundes entgegen dem Uhrzeigersinn (also links herum) „Away“.

Ihre Führhilfe mit der Hand bauen Sie je nach Fortschritt Ihres Hundes immer weiter ab, bis Sie nur noch die Anfangsbewegung als sogenanntes Sichtzeichen geben. Die beste Verknüpfung zwischen Verhalten und Laut-Kommando machen Hunde in der Regel, wenn Sie das Wort im ersten Viertel der Umrundung sagen.

Der nächste Schritt ist der langsame Aufbau des Abstandes zum Gegenstand: Entfernen Sie sich Schritt für Schritt immer weiter von der Tonne. Jeder Zentimeter Abstand zum Objekt macht es schwieriger für Ihren Hund!

Die gleiche Vorgehensweise – nur spiegelverkehrt – wird angewendet, um

TIPP

Viele Wiederholungen

Wussten Sie, dass ein Hund ein neues Kommando mehrere hundert Mal gehört haben muss, um es auch wirklich zu verinnerlichen?

Away und Come by: Auf die richtige Körpersprache des Menschen kommt es an.

den Hund statt links nun rechts um das Objekt herum zu schicken. Aber Achtung: Auch, wenn es linksherum bereits gut klappt, so ist es andersherum für Ihren Hund eine völlig neue Aufgabe! Er benötigt also die gleichen kleinen Schritte für den Aufbau wie zuvor. Das Kommando für die Bewegung im Uhrzeigersinn lautet in der Hüteszene „Come by“.

Ihr Hund läuft nun rechts- wie auch linksherum um einen bestimmten Gegenstand? Super! Probieren Sie es am nächsten Objekt!

Hindernislauf beim Gassigehen

Ein Wald oder ein Park können tolle Hindernisstrecken sein – wenn wir nur genau hinsehen! Statt an natürlichen Hindernissen einfach nur vorbei zu laufen, nutzen Sie sie doch einfach mal zusammen mit Ihrem Hund.

ZIEL DES SPIELS

Trainieren und Fördern des körperlichen Geschicks und des Gehorsams.

BENÖTIGT WIRD

- Umgefallene Bäume, Parkbänke, Äste, Baumstümpfe, kleine Bachläufe usw.

SO GEHT'S

Hindernis *Baumstamm*

Zu Beginn locken Sie Ihren Hund zum Beispiel auf einen umgefallenen Baum. Führen Sie ihn möglichst gerade darauf zu und animieren Sie ihn, heraufzuspringen. Ist er auf dem Baumstamm, führen Sie ihn langsam bis zum Ende, wo die Belohnung auf ihn wartet.

Hindernis *Parkbank*

Bei der Parkbank gilt es, auf dem Hinweg darüber zu springen und auf dem Rückweg drunter her zu krabbeln. Zeigen Sie Ihrem Hund mehrfach, dass er über die Bank springen soll und führen Sie ihn auf dem Rückweg unter der Bank durch. Klappt das gut, wird die Aufgabe erweitert: Legen Sie sein Spielzeug oder den Futterbeutel etwa ein bis zwei Meter hinter der Bank auf den Boden. Ihr Hund wartet in der Zeit brav an seiner Startposition. Wie in den Übungen zuvor, soll Ihr Hund über die Bank springen, darf dann seine „Beute" holen und muss unter der Bank durchkrabbeln, um wieder zu Ihnen zu kommen und sich seine Belohnung abzuholen.

Helfen Sie Ihrem Hund und gehen Sie die Strecke zu Beginn mit. Es wird ihm voraussichtlich schwer fallen, den richtigen Weg zu nehmen. Ohne Ihre Anleitung wird er vermutlich sowohl auf dem Hin- als auch auf dem Rückweg die Bank im wahrsten Sinne des Wortes links liegen lassen.

Hindernis *Baumstümpfe*

In der Regel führt ein Hund Kommandos gut aus, solange er dabei in der Nähe seines Menschen ist. Um den Vierbeiner auch auf Distanz gut führen zu können, dienen Baumstümpfe – in kleinen Trainingsschritten – als Abstandhalter.

Locken Sie Ihren Hund auf einen Baumstumpf und belohnen Sie ihn. Erst auf Ihr Kommando darf Ihr Vierbeiner wieder vom Stumpf herunter. Wiederholen Sie diese Schritte mehrere Male und geben Sie dem Verhalten ein Kommando (zum Beispiel „Auf"). Nehmen Sie nun einen oder zwei Schritte Abstand zum

Mit Vertrauen zum Menschen und dem eigenen Körpergefühl klappt auch das Balancieren auf dem Baumstamm.

„Sportgeräte“ gibt es fast überall, wie zum Beispiel solche Parkbänke.

Baumstumpf. Ihr Hund ist neben Ihnen. Geben Sie ihm das Kommando „Auf“ und zeig Sie dabei zum Baumstumpf. Ist er oben angekommen, gehen Sie hin, belohnen ihn und gehen wieder auf Abstand. Fordern Sie jetzt ein „Sitz“ von ihm oder – wenn der Stumpf groß genug ist – „Platz“. Auf einem Gegenstand Kommandos auszuführen, und das zusätzlich mit Abstand zu seinem Menschen, ist für viele Hunde sehr ungewohnt und bedarf eines gewissen Trainings. Kann Ihr Hund noch mehr Kommandos als Sitz und Platz? Dann probieren Sie, ob auch diese auf dem Baumstumpf funktionieren. Je häufiger Sie an dem Baumstumpf mit Ihrem Hund trainieren, umso größer können Sie den Abstand zum Baumstumpf wählen und desto geringer fällt die Anzahl der Belohnungen aus. Zu Beginn haben Sie alle kleinen Erfolge belohnt und sind hierzu zum Stumpf gegangen. Je nachdem, wie weit Ihr Trainingsfortschritt ist, bekommt Ihr Hütehund seinen Lohn nun erst, nachdem die gesamte Aufgabe erfolgreich absolviert wurde. Zum Beispiel: Er soll von Ihnen zum Stumpf laufen, darauf springen, sich dort auf Ihr Kommando hin setzen, danach noch eine Drehung um sich selbst machen, um dann erst zu Ihnen zurückzukehren. In kleinen, belohnten Schritten trainiert gibt dieses Baumstumpf-Spiel Ihrem Hund ein gutes Körpergefühl und Selbstbewusstsein. Außerdem lernt er, dass er auch aus Entfernung Kommandos von Ihnen empfangen und ausführen kann.

INFO

Spring drauf!

Das Kommando „Hopp!“ wird oft von uns Menschen verwendet, um den Hund über etwas springen zu lassen. Möchten Sie, dass der Hund auf ein Hindernis springt und dort oben bleibt, dann nutzen Sie besser ein anderes Wort.

Kommandospiele mit Spielzeugen

Geworfenen Spielzeugen hinterher zu jagen, sie zu fangen und zu apportieren ist für viele Hüter ein großer Spaß. Oft vergessen sie dabei alles andere um sich herum – mitunter sogar, wie sie heißen …

ZIEL DES SPIELS

Bei den Kommandospielen geht es um das große Einmaleins des Gehorsams. Verbunden wird hierbei der Ernst des Lebens mit dem größten Glück auf Erden.

BENÖTIGT WIRD

› Eventuell ein Geschirr mit Schleppleine zum Absichern des Hundes

SO GEHT'S

Am Ende der Übung soll das Spiel wie folgt aussehen: Sie werfen das Spielzeug, während Ihr Hund neben Ihnen wartet. Nun wird er zum Spielzeug geschickt. Er startet, doch Sie können ihn auf dem Weg dorthin stoppen, ins Sitz oder Platz bringen. Außerdem lässt er sich wieder zu Ihnen rufen, bis er dann wirklich bis zum Spielzeug durchstarten darf, um es Ihnen zu bringen.

All diese Dinge sind für echte Spielzeug-Fans zu Beginn des Trainings sehr schwierig! Üben Sie daher in klitzekleinen Schritten. Loben Sie viel für korrektes Verhalten und ganz wichtig: den Hund nicht zum Erfolg (zum Spielzeug) kommen lassen, wenn er nicht vorher das von Ihnen gewünschte Verhalten (Sitz, Platz, Hier) gezeigt hat! Lernt Ihr Hund, dass er mit Ungehorsam zum „größten Schatz der Welt" kommen und Ihre Kommandos missachten kann, haben Sie verloren …

Los geht's: Das Spielzeug wird zunächst nicht geworfen, sondern in Entfernung abgelegt. Bereits nachdem der Hund von Ihnen zum Spielzeug geschickt wurde, stoppen Sie ihn mit dem Kommando „Sitz" oder „Platz" (nehmen Sie das Kommando, welches von Ihrem Hund zuverlässiger ausgeführt wird). Warum sollen Sie das Kommando direkt nach dem Start geben? Ganz einfach: Der Bremsweg des Hundes ist zu diesem Zeitpunkt noch ziemlich lang. Im untrainierten Kopf benötigt das Kommando einen langen Weg vom Ohr zum Gehirn, sodass das Umsetzen des Kommandos bis zum Ziel, also dem Spielzeugschatz, dauern kann. Erst mit viel Training ist die Kommandoausführung prompt zu erwarten.

Eine schwere Aufgabe für agile Hütehunde: Sitzen bleiben, obwohl das Spielzeug fliegt ...

... und dann auch noch auf dem Weg zum Spielzeug stoppen und sitzen – der kleine Picasso meistert die Aufgabe allerdings mit Bravour!

Aufgaben-Gassi

Wenn Kopf und Körper beim Gassigehen gefordert werden, so trägt das deutlich zur Auslastung des Hundes bei. Und Spaß macht es auch!

ZIEL DES SPIELS

Ihr Hund soll auch bei Gassirunden aufmerksam sein und sich darauf freuen, gemeinsam mit Ihnen Aufgaben zu erledigen.

BENÖTIGT WIRD

› Eventuell eine Hilfsperson, die den Hund mit Schleppleine und Geschirr absichert

SO GEHT'S

Schlangenlinien laufen

Geradeauslaufen ist für uns Menschen normal – und für den Hund ziemlich langweilig. Suchen Sie sich einen breiten Feldweg und beginnen Sie mit Ihrem Hund im „Fuß" Schlangenlinien zu laufen. Von ganz rechts geht's zügig nach ganz links und wieder zurück. Ihr Hund soll Sie dabei nicht überholen!

Stop! Verlässlich bleibt Pia aufgrund des Sichtzeichens aus der Bewegung heraus stehen.

Variieren Sie dabei das Tempo: Mal geht es zügigen Schrittes voran, mal ganz langsam.

Achten laufen

Laufen Sie die Form einer auf den Boden gelegten, imaginären Acht mit Ihrem Hund an Ihrer Seite. Linksherum, rechtsherum, große Achten und ganz kleine. Schnell und langsam.

Rückwärts laufen

Hat Ihr Hund schon gelernt, wie seltsam es ist, wenn sein Mensch rückwärts läuft? Probieren Sie es aus!

Bleiben, kommen, stoppen

Setzen oder legen Sie Ihren Hund ab. Entfernen Sie sich von ihm. Rufen Sie ihn und bevor er bei Ihnen angekommen ist, soll er stoppen und nochmals sitzen. Das ist gar nicht so leicht! Denn die meisten Hunde haben plötzlich einen Denk- und damit Bremsweg bis zu ihrem Menschen. Lassen Sie sich anfangs von einem Freund helfen, der Ihren Hund an Geschirr und Schleppleine absichert, sodass er tatsächlich schnell stoppt.

Kunststückchen

Kann Ihr Hund bereits einige Tricks und Kunststückchen? Dann bauen Sie diese in die Gassirunde mit ein. Jeder neue Ort ist eine Herausforderung für Ihren Hund.

Peppen Sie Ihre Gassirunden mit ein paar Tricks auf! So machen Sie sich selbst und auch den Ausflug interessanter.

INFO

Üben in der Fremde

Hunde lernen ortsbezogen: Kann Ihr Hund im Wohnzimmer die tollsten Tricks oder ist super gehorsam, so sieht das in der Küche schon ganz anders aus und auf der Gassirunde erst recht. Ein Kommando sitzt erst dann richtig, wenn es auch im größten Trubel und an einem unbekannten Ort klappt.

Treibball

Die meisten Hütehunde lieben das Spiel mit den „Gummischafen". Manchmal so sehr, dass alles außer Kontrolle gerät … Achten Sie daher von Beginn an darauf, dass Ihr Hund genau auf Ihre Kommandos hört.

ZIEL DES SPIELS

Förderung der Konzentration, des Gehorsams und des Teamworks.

BENÖTIGT WIRD

- Eine Wiese
- Ein großer Gymnastikball
- Belohnungen (Leckerlis)
- Ein Clicker (sofern Sie einen nutzen)

SO GEHT'S

Ziel ist es immer, dass der Hund den Ball in Ihre Richtung bugsiert. Vorangetrieben wird der Ball ausschließlich mit der Schnauze! Stupsen mit der Pfote ist nicht erwünscht, ebenso wenig wie das Hineinbeißen in den Ball.

Legen Sie den Ball auf die Wiese zwischen sich und Ihren Hund. Platzieren Sie einen kleinen Keks unter dem Ball. Um an den Keks zu kommen, muss Ihr Hund den Ball nun von seiner Position stupsen. Klappt diese Vorgehensweise gut, können Sie den Keks unter dem Ball weglassen. Lassen Sie Ihren Hund nun darüber nachdenken, was er wohl tun muss, um erneut einen Keks zu erhalten. Bereits ein zartes Anstupsen oder auch nur das Annähern der Nase an den Ball wird von Ihnen mit Click und Leckerli belohnt.

Je mehr Abstand zwischen Ihnen und dem Ball liegt, desto schwieriger wird für den Hund das Einhalten der Richtung. Achten Sie darauf, dass Sie auch die kleinen Ansätze belohnen, wenn sich der Hund bemüht, die Treibrichtung zu Ihnen einzuhalten.

Nach weiteren Trainingseinheiten müssten Sie bereit für den nächsten Trainingsschritt sein: Setzen oder legen Sie Ihren Hund ab und bringen Sie den Ball etwa drei bis fünf Meter vor sich in Position. Kehren Sie zu Ihrem Hund zurück und schicken Sie ihn zum Ball, um ihn dann zu Ihnen treiben zu lassen. Hat es geklappt? Glückwunsch!

INFO

Für Fortgeschrittene

Ein Ball ist Ihnen nicht genug? Kein Thema: Nehmen Sie weitere Bälle hinzu und dirigieren Sie den Hund jeweils genau zu einem bestimmten Ball, um diesen zu Ihnen treiben zu lassen.

Gespannt wartet Toffee auf die Freigabe, den Ball treiben zu dürfen.

Zu viel Schwung ist nicht gut. Fängt der Hund an, Treibball nach seinen Regeln zu spielen, brechen Sie es besser ab und bringen ihn wieder zur Ruhe.

Gemeinsame Ballspiele

Jeder kennt den Klassiker: Ball nehmen, werfen, bringen lassen, wieder werfen, ... Häufiges Ergebnis: Der Hund kann von dem Spiel nicht genug bekommen. Mit einem oder auch mehreren Bällen geht jedoch noch so viel mehr!

Echte Balljunkies trennen sich nur ungern von ihren Schätzen.

ZIEL DES SPIELS

Bei diesem Ballspiel wird Ihr Hund lernen, auf Sie und Ihren Körper zu achten, um herauszufinden, welche Übung als nächstes kommt. Gleichzeitig müssen Sie Ihren Hund beobachten, um zu sehen, welche Übung Sie aus der Bewegung als nächstes anbieten können, damit der Absprungwinkel und der Wurfmoment für Ihren vierbeinigen Ball-Spieler passt.

BENÖTIGT WIRD

› Ein bis fünf Bälle

SO GEHT'S

Ballspiel *Richtungswechsel*

Zu Beginn sind die meisten „normalen" Ballhunde bereits verblüfft, wenn der Ball nicht nach vorn geworfen wird, sondern nach hinten. Statt des Triebes, einfach dem Ball hinterher zu hechten, ist nun auch noch Köpfchen gefragt! Haben Sie den Ball schon einmal unter Ihrem Bein durchgeworfen? Oder den Wurfarm auf Taillenhöhe hinter dem Rücken herum geführt und den Ball dann nach vorn katapultiert? Probieren Sie es aus!

Ein guter Tausch: Gibst du mir deinen, bekommst du meinen Ball.

Kekse brauchen Sie bei diesem Spiel nicht. Der nächste fliegende Ball ist die Belohnung für die vorher gut gemachte Übung.

Ballspiel *Tauschgeschäft*

So ein Ballspiel kann auch ein durchgängiges Tauschgeschäft werden. Hat der Hund den einen Ball wiedergebracht, kommt der nächste Ball ins Spiel. Sobald Ihr Hund „seinen" Ball freigegeben hat, wird ihm der nächste Ball angeboten.

Das richtige Timing und ein guter Wurf des Menschen sind wichtig, damit der Hund eine Chance hat, den Ball aus der Luft zu fangen.

Ballspiel *körperbetont*

Auch ein enges Spiel an Ihrem Körper ist mit Bällen möglich und fordert den Hund erneut dazu auf, nicht einfach nur den Ball zu jagen, sondern seinen Körper kontrolliert und mit Köpfchen einzusetzen. Hocken Sie sich dazu auf den Boden und strecken eines Ihrer Beine lang aus. Ihr Hund sitzt in etwa einem Meter Entfernung vor Ihnen, und zwar so, dass er sich im rechten Winkel zu Ihrem ausgestreckten Bein befindet. Auf Ihr Kommando darf er los: Sie werfen den Ball etwa einen Meter hoch, fast genau über Ihrem Bein. Hochwerfen heißt senkrecht hoch und nicht wegwerfen! Ihr Hund soll nun, um den Ball zu bekommen, über Ihr Bein springen und gleichzeitig den Ball fangen.

Klappt? Wunderbar! Auf zur nächsten Übung: Wie beim Turnen aus Kindertagen bilden Sie eine Brücke – der Rücken zeigt zum Boden, Ihre Füße sowie eine Hand sind abgestellt, weder Rücken noch Po berühren den Boden. Ihr Hund sitzt erneut im rechten Winkel zu Ihnen beziehungsweise zu Ihrem zum Himmel gestreckten Bauch. Bei Rechtshändern sitzt der Hund links vom Mensch. Auf Ihr Kommando hin startet der Hund, der Ball wird hochgeworfen (nicht weg!). Der Hund soll über Ihren Bauch springen, um an den Ball zu kommen.

Eine nächste Variante benötigt etwas Mut und Vertrauen zum Hund: Legen Sie sich auf dem Rücken flach auf den Boden. Jetzt strecken Sie die Beine lang in die Höhe und zwar so, dass ihre Beine ein „V“ bilden. Der Hund sitzt etwa zwei Meter von Ihnen entfernt und kann zwischen Ihren Beinen hindurch sehen. Gestartet wird, wenn Sie ihm das Kommando geben. Der Hund soll durch Ihre Beine über Ihren Körper und Kopf hinweg springen, um den von Ihnen passend geworfenen Ball zu fangen. Tipp: Werfen Sie den Ball nicht direkt über sondern neben Ihrem Kopf hoch, um eine Pfotenberührung im Gesicht zu vermeiden.

Wenn die einzelnen Übungen klappen, können Sie damit beginnen, diese miteinander zu kombinieren. Spätestens jetzt brauchen Sie mehrere Bälle. Nur bei der ersten Übung ist ein Sitz des Hundes erforderlich. Alles andere kann – mit genügend Übung von Hund und Mensch – aus der Bewegung heraus entstehen.

TIPP

Ausgetrickst

Haben Sie einen Schlaumeier-Hund, der um Ihr Bein herumläuft, um sich den Ball auf der anderen Seite zu holen? Dann suchen Sie sich ein Hindernis als Begrenzung (eine Wand, einen Busch), sodass er keine andere Möglichkeit hat, als zu springen.

Mut und Vertrauen braucht der Mensch in seinen Hund, um ihn über sich fliegen zu lassen.

Longieren

Das Longieren kommt ursprünglich aus dem Pferdesport. Die größte Aufgabe besteht darin, dem Hund zu erklären, dass er nicht ***in*** *den Kreis kommen darf, sondern* ***außen*** *herum laufen soll.*

ZIEL DES SPIELS

Das Longieren ist ein spannendes Laufspiel mit Gehorsamkeitseinheiten, welches die Aufmerksamkeit des Hundes zu Ihnen stärkt und seine Fähigkeiten fördert, auf Abstand zu arbeiten.

BENÖTIGT WIRD

- Eine große, ebene Wiese
- Absperr-Flatterband und Bodenhaken oder alternativ ein Drainagerohr
- Leckerlis
- Später: verschiedene Hindernisse

SO GEHT'S

Zunächst müssen Sie sich einen Longierkreis aufbauen. Er sollte einen Durchmesser von etwa zehn Metern oder mehr haben. Wenn Sie mit Bodenhaken (zum Beispiel von einem Weidezaun) arbeiten, spannen Sie das Flatterband als Kreisabsperrung an die Bodenhaken. Die Abspannung ist dabei zu Beginn etwa auf Hundenasenhöhe.

Und dann geht's los: Sie stehen im Inneren des Kreises. Ihr Hund, bei Bedarf noch angeleint, befindet sich in direkter Nähe zu Ihnen, jedoch außerhalb der Absperrung. Mit klarem Sichtzeichen (lang ausgestreckter linker Arm in seine Laufrichtung) führen Sie Ihren Vierbeiner nun links um das Flatterband herum. Das Gleiche wiederholen Sie auch in die andere Richtung, also rechts herum. Jedes Mal, wenn Ihr Hund den Kreis betreten will, treiben Sie ihn mit Ihrem Körper zurück auf seine Seite. Belohnt wird immer, wenn er es schafft, auf seiner Seite zu bleiben – für die Länge der Strecke, die ihm zu diesem Zeitpunkt zuzutrauen ist. Klappt das gut, wird die Leine gelöst bzw. etwas mehr Abstand (zum Beispiel ein Meter) zwischen Ihnen und Ihrem Schützling aufgebaut. Es geht wieder links herum und rechts herum. Die Richtung können Sie zur Verstärkung auch mit den Worten „links“ oder „rechts“ ansagen.

INFO

Stopp!

Das Ausbreiten beider Arme ist für Ihren Longier-Hund das Signal zum Anhalten: Stopp!

Klare, nonverbale Zeichen erleichtern die Kommunikation zwischen Zwei- und Vierbeiner am Longierkreis.

Der Innenkreis ist für den Hund tabu. Mit leichtem körperlichen Einsatz wird Paula wieder nach außen geschickt.

Sie bewegen sich – je nach Talent und Lerngeschwindigkeit Ihres Vierbeiners – mit Ihrem Hund mit. Je mehr Sie trainieren, desto weniger müssen Sie selbst sich später innerhalb des Kreises bewegen. Das Ziel in dieser Phase ist, dass Sie im Mittelpunkt des Kreises stehen und sich lediglich mit der Laufrichtung des Hundes drehen. Das ist Ihnen noch nicht genug? Dann bauen Sie einige Hindernisse direkt in den Laufkreis des Hundes: eine kleine Hürde, eine erhöhte Plattform, einen kleinen Steg – was immer Sie möchten und was für den Hund ungefährlich ist. Die Hindernisse werden zunächst einzeln trainiert und bekommen jeweils ein Kommando zugeteilt. Die Hürde nennen Sie zum Beispiel „Hürde“. Das Podest heißt „Tisch“. Der Steg heißt „Steg“. Beim Longieren darf der Hund in den Trainingseinheiten die Hindernisse nur überqueren, wenn Sie es ihm zuvor gesagt haben. Nimmt dieser die Hindernisse, obwohl es dazu keine Info von Ihnen gab, brechen Sie ab. Begleiten Sie stattdessen den Hund wieder vor das Hindernis und führen Sie ihn kontrolliert (Sie im Kreis, er außerhalb des Kreises), ohne die Geräte zu nutzen an diesen vorbei. Lob, Leckerli, weiter geht's! Nach und nach kann das Flatterband immer tiefer gespannt werden, bis es fast auf dem Boden aufliegt.

Auch die normalen Grundkommandos sind beim Longieren gefragt: Aus dem Lauf heraus ein „Stopp" gefolgt von einem „Sitz" und danach die Info zum Richtungswechsel – das ist gar nicht so einfach!

TIPP

Belohnung nur draußen

Beim Longieren kommen die Leckerlis zum Hund und nicht der Hund zu den Leckerlis! Gleiches gilt für die Arbeit mit Belohnungsspielzeug. Erlauben Sie Ihrem Hund, sich seine Belohnung im Kreis abzuholen, lernt er das Betreten des Kreises. Gerade das will man beim Longieren jedoch vermeiden.

Darf es etwas anspruchsvoller sein? Geräte erhöhen die Attraktivität und den Schwierigkeitsgrad beim Longieren.

Spiel mit Stiel

Vielleicht hält Ihre Abstellkammer das nächste Hilfsmittel schon parat: einen Besenstiel. Sie und Ihr Hund werden staunen, was man in- und outdoor alles mit solch einem Stiel anstellen kann!

ZIEL DES SPIELS

Stärkung der Teambindung und der Konzentrationsfähigkeit sowie Förderung von ruhigem Arbeiten.

BENÖTIGT WIRD

- Ein Besenstiel
- Ein Eimer oder kleiner Hocker

SO GEHT'S

Schnappen Sie sich einen Besenstiel und machen Sie Ihren Hund mit diesem steifen Trainingspartner bekannt. Ansehen, mit der Pfote berühren, schnuppern – alles okay. Nicht erlaubt ist es, hineinzubeißen! Schließlich soll dieses überdimensionale Stöckchen heil bleiben.

Für den seitlichen Sprung soll der Hund neben Ihnen über den von Ihnen

Der Klassiker, fast wie im Zirkus. Kinder lieben diesen Trick!

Hat sich der Vierbeiner erst einmal an den Stiel gewöhnt, ergeben sich viele Varianten.

gehaltenen Stiel springen. Kein Problem für Ihren Hütehund? Umso erstaunlicher ist es, dass der Seitensprung für viele Vierbeiner – selbst für die schlauen Hütehunde! – eine ganz neue Erfahrung darstellt. Wir gehen daher Schritt für Schritt vor.

Setzen Sie Ihren Hund mit etwas Entfernung vor sich ab. Legen Sie einen Keks hinter sich auf den Boden. Um die Sprunghöhe für den Hund angenehm zu gestalten, und um Ihren Rücken zu schonen, knien Sie sich hin. Strecken Sie den Besenstiel nun seitlich nach rechts oder links aus. Um zum Keks zu gelangen, soll Ihr Sportpartner nun auf Ihre Aufforderung herkommen und über den Stiel springen. Um zu vermeiden, dass Ihr Schlauberger einfach um das Hindernis herumläuft, positionieren Sie sich möglichst nah an einer Wand. Dort können Sie das freie Stielende fixieren.

Der Belohnungskeks auf dem Boden wird bald wieder von Ihnen abgebaut: Zunächst täuschen Sie noch vor, einen Keks auf den Boden zu legen. Diesen Keks bekommt er dann aber stattdessen direkt von Ihnen. Hat Ihr Hund verstanden, dass er auch dann eine Belohnung bekommt, wenn auf der anderen Seite kein Leckerchen auf dem Boden auf ihn wartet, so können Sie auch das Vortäuschen weglassen.

Ihr Körper als Sportgerät

Unser Körper bietet unzählige Möglichkeiten, sich mit unseren Hunden zu beschäftigen. Er ist ein wahres Multifunktionssportgerät! Und das für sage und schreibe null Euro.

ZIEL DES SPIELS

Der Hund wird lernen, Ihre Körpersprache noch besser zu deuten. Und Sie beide haben jede Menge Spaß dabei!

BENÖTIGT WIRD

- Verschiedene Ihrer Körperteile
- Hundekekse
- Eventuell ein Clicker

SO GEHT'S

Körperspiel *Sprung übers Bein*

Locken Sie Ihren Hund mit einem Keks über das von Ihnen flach ausgestreckte Bein. Je nach Können von Hund und Mensch sitzen Sie dazu auf dem Boden oder Sie stehen. Manch ein Vierbeiner ist besonders pfiffig und überlegt sich, dass er auch dann sein Ziel (den Keks) erreicht, in dem er um das ausgestreckte Bein herum läuft. Dem können Sie eine Grenze und damit ein Ende setzen, wenn Ihr Fuß an einer Hecke oder Wand endet.

Körperspiel *Zickzack durch die Beine*

Zu Beginn stehen Sie auf der Stelle mit gespreizten Beinen. Führen beziehungsweise locken Sie Ihren Hund mit Hilfe von Keksen in Achtform durch Ihre Beine. Bauen Sie das Locken mit Keksen

mehr und mehr ab und belohnen Sie Ihren Hund am Ende erst dann, wenn er die Acht geschafft hat. Klappt? Prima! Auf geht's zur Erweiterung der Übung: Gehen Sie mit großen Schritten vorwärts. Das Ziel lautet: Der Hund soll Achten um Ihre Beine laufen, während Sie sich vorwärts bewegen. Sie wollen noch eine Schippe drauflegen? Dann gehen Sie dabei doch mal rückwärts!

Um Zickzack durch die Beine seines Menschen zu laufen, benötigt der Hund mehr Vertrauen, als man zunächst vermuten mag.

Dieser Border macht alles richtig! Er soll mit seinen Füßen auf denen seines Menschen stehen.

Und jetzt langsam gemeinsam losgehen ...

Körperspiel *Sprung durch die Beine*

Stellen Sie sich wie ein Storch hin: Ein Fuß berührt das Knie des anderen Beines. Dadurch bildet sich eine dreieckige Öffnung. Lassen Sie zu Beginn der Übung Ihren Hund dicht hinter sich sitzen, es vereinfacht das Locken mit Keksen. Zeigen Sie ihm nun den Keks direkt an der „Sprungöffnung" und geben ihm das bekannte Kommando „Hopp". Klappt? Ok, dann probieren Sie es auch von vorn nach hinten!

Körperspiel *Fuß*

Das Ziel dieses Spiels ist es, dass Ihr Hund mit der linken Vorderpfote auf Ihrem linken Fuß steht und mit seiner rechten Vorderpfote auf Ihrem rechten Fuß. Dafür positionieren Sie ihn zwischen Ihren Beinen. Sie schauen beide nach vorn. Nun fordern Sie Ihren Hund von oben auf, Ihnen eine Pfote zu geben. Sie halten dabei Ihre Hand als Pfotenziel so, dass er die Pfote auf Ihren Fuß abstellen muss. Wenn Sie merken, dass er Ihren Fuß erreicht hat, ziehen Sie Ihre Hand weg. Steht die Pfote auf Ihrem Fuß? Wunderbar. Klick und Keks! Nun gilt es, auch die andere Pfote auf Ihren anderen Fuß zu bekommen. Geschafft? Top! Nun bewegen Sie vorsichtig Ihre Füße. Bleibt Ihr Hund stehen: Click und Keks! Bewegen Sie die Füße etwas mehr. Steht er noch immer? Click und Keks! Versuchen Sie nun, mit den Pfoten Ihres Hundes auf Ihren Füßen einige Schritte vorwärts sowie rückwärts zu gehen.

Für Mensch-Hund-Teams, bei denen der Zweibeiner klein, der Vierbeiner aber sehr groß ist, ist diese Übung leider nicht zu bewältigen.

Körperspiel *Sprung durch die Arme*

Sie hocken auf dem Boden und bilden mit Ihren Armen neben Ihrem Körper einen Kreis. Ihr unterer Arm ist dabei sehr nah am Boden. Ihr Hund sitzt Ihnen gegenüber. Zuvor haben Sie auf dem Boden hinter dem Kreis einen Keks gelegt. Mit „Hopp“ fordern Sie Ihren Hund auf, durch Ihre Arme zu springen, um sich den Keks zu holen. Will Ihr Pfiffikus den Keks durch ein Umlaufen der Arme stibitzen? Dann suchen Sie sich eine Wand, einen Baumstamm oder eine Hecke, um Ihre Arme und damit den Kreis so zu positionieren, dass ein Umlaufen des „Hindernisses“ nicht mehr möglich ist. Hat Ihr Hund verstanden was er soll? Sehr gut. Dann erklären Sie ihm, dass er auch von hinten durch Ihre Arme springen kann. Nach und nach verlagern Sie den Kreis weiter nach oben, sodass die Position auch für Sie angenehmer wird.

Körperspiel *auf dem Rücken*

Sie hocken sich auf allen Vieren auf den Boden. Ihr Hund sitzt wartend im rechten Winkel zu Ihrem Rücken links von Ihnen. Ihre rechte Hand ist mit einem Keks bestückt und wird von Ihnen so nach hinten über Ihren Rücken gehalten, dass der Keks möglichst nur zu erreichen ist, wenn Ihr Hund mindestens mit zwei, wenn nicht gar sogar mit allen vier Pfoten auf Ihrem Rücken steht. Das Kommando hierzu könnte zum Beispiel „Auf“ sein. Besser nicht das klassische „Hopp“, weil der Hund auf den Rücken springen und dort bleiben soll. Nicht hinauf und direkt wieder herunter (oder sogar einfach darüber hinweg)!

Yoga hilft! Je gelenkiger der Mensch, desto einfach ist das Belohnen des Hundes für seinen Sprung auf den Rücken.

Körperspiel *Sprung auf den Arm*

Zu Beginn sitzen Sie auf einem Stuhl und fordern Ihren Hund auf, auf Ihren Schoß zu kommen. Falls notwendig, locken Sie ihn dazu mit einem Keks. Wenn das gut klappt, wird Ihre sitzende Position im Lauf der Übung mehr und mehr zu einer stehenden Position. Um das zu erreichen, nehmen Sie sich als nächstes einen Stuhl mit Lehne. Nun sitzen oder lehnen Sie an der Lehne. Die Schoß-Position ist jetzt bereits höher und steiler. Greifen Sie zugleich herzhaft und schnell wie auch liebevoll zu, wenn Ihr Hund auf Ihren Arm springt, damit er einen festen Halt hat. Den Keks gibt es stets auf Ihrem Arm. Von der Lehne des Stuhls ist das Anlehnen beziehungsweise Sitzen auf einem Tisch der nächste Schritt. Je nach Sprungtalent und Vertrauen Ihres Hundes ist es ratsam, einen Ihrer Oberschenkel als Treppenstufe anzubieten.

TIPP

Schutz vor Kratzern

Besonders beim Sprung auf den Rücken setzen Hunde gern ihre Krallen ein, um so einen besseren Halt zu finden. Ziehen Sie daher besser dicke, rutschfeste Kleidung an.

Spiel-Kombinationen

Wenn Sie die verschiedenen Aufgaben trainiert haben und alles gut sitzt, können Sie beginnen, ins nächste Level überzugehen: Verbinden bzw. kombinieren Sie mehrere Aufgaben miteinander!

ZIEL DES SPIELS

Förderung der Teambindung sowie körperliche und geistige Auslastung.

BENÖTIGT WIRD

- Eine Bank oder ein Baum

SO GEHT'S

Wir kombinieren: Umrunden von Gegenständen (Seite 32) + Hindernislauf beim Gassi (Seite 34) + Aufgaben-Gassi (Seite 38) + Ihr Körper als Sportgerät (Seite 52) + Schatzsuche (Seite 82).

Für die Kombinationsaufgabe gibt es in der Natur wahrscheinlich nicht den perfekten Aufbau von Bäumen und Bänken, doch mit etwas Geschick lässt sich der Parcours anpassen.

Achtung: Der Trainingsaufbau geschieht bei der Umsetzung mit dem Hund bitte nicht gleich in der Kombination, sondern Step by Step! Ein sofortiges Verbinden aller Elemente würde sowohl Sie als auch Ihren Hund frustrieren. Wenn Sie alle Aufgaben fertig aneinandergereiht haben, erfolgt die Belohnung des Hundes nicht mehr nach jeder einzelnen Aufgabe, sondern erst am Ende der Kette.

Schicken Sie Ihren Hund um einen von Ihnen bestimmten Baum. Die Entfernung sollte dabei dem aktuellen Trainingsstand angemessen sein. Auf dem Rückweg des Hundes zu Ihnen geben Sie ihm ein Kommando, zum Beispiel „Platz!“. Die Ausführung des Kommandos soll hierbei möglichst genau in der Mitte zwischen Ihnen und dem Umrundungsbaum geschehen. Machen Sie sich nun bereit für eine Mini-Darbietung aus dem Bereich „Ihr Körper als Sportgerät“, bieten Sie Ihrem Hund zum Beispiel Ihr Bein für einen Übersprung an. Direkt im Anschluss erhält Ihr engagierter Sportler bereits die nächste Aufgabe: Die Parkbank in etwa fünf bis zehn Metern Entfernung soll von ihm kriechend genommen werden. Hinter der Bank wartet direkt die Belohnung: Ein Schatz in Form seines Spielzeuges oder Futterbeutels!

INFO

Ihr Hund wird Sie dabei beobachten, wie Sie den Schatz hinter die Bank legen. Mit dem Lösen der ihm gestellten Aufgaben muss er sich aber zunächst vom Schatz wegbewegen – ganz schön schwierig für Ihren Schüler!

Erst geht es um das Umrunden eines Gegenstands (Seite 32) …

… dann folgt der Sprung über das Bein (Seite 52).

Super Sportarten für Hütehunde

Neues, tierisches Hobby!

Vielleicht haben Sie an bestimmten Aufgaben in diesem Buch so viel Spaß und Freude mit Ihrem Hund gefunden, dass daraus glatt ein neues, tierisches Hobby für Sie wird. Diese Sportarten „verstecken" sich in den Spielen dieses Buches:

Hindernislauf beim Gassi: Canicross!

Spiel auf Seite 34

Canicross ist ein Geländelauf von Mensch mit Hund, bei dem beide über eine flexible Leine miteinander verbunden sind. Der Hund trägt dabei ein Zuggeschirr, vergleichbar mit einem Schlittenhundegeschirr. Zusammen geht es über Stock und Stein. Mit der Unterstützung dieser einen „HS" (statt PS) kommt es darauf an, die Strecke in einer guten Zeit zu meistern. Von gut trainierten Teams können Höchstgeschwindigkeiten von über 30 km/h erreicht werden.

Kommandospiele mit Spielzeug: Unterordnung!

Spiel auf Seite 36

Der Begriff „Unterordnung" ist etwas befremdlich. Er stammt ursprünglich aus der Ausbildung von Militär- und Polizeihunden. Neu definiert bedeutet die moderne Sportart Unterordnung, dass sich der Hund der Entscheidung seines Menschen anschließt. Ein Beispiel: Es ist die Entscheidung des Menschen, dass der Hund nicht direkt zu seinem Spielzeug läuft. Wir haben stattdessen entschieden, dass er sich aus der Bewegung heraus ins Platz legen soll. Diese und

sehr viele weitere Aufgaben gilt es bei der Unterordnung zu trainieren. Hauptsächlich dreht es sich dabei um die Grundkommandos wie Sitz, Platz, Fuß, Steh und Bring. Diese sollen schnell und präzise ausgeführt werden.

Aufgaben-Gassi: DogDancing bzw. Heelwork to Music

Spiel auf Seite 38

Heelwork ist das englische Wort für Fußarbeit. Heelwork to Music ist die Kunst des perfekten Fußlaufens mit sehr vielen verschiedenen Bei-Fuß-Positionen, passend zur Musik. Tricks am Körper des Menschen dürfen dabei mit eingebaut werden: sich um sich selbst drehen, Beinslalom und Ähnliches.

Treibball: Treibball!

Spiel auf Seite 40

Beim Treibball-Sport sollen acht Bälle nacheinander vom Hund in ein Tor getrieben werden. Ähnlich wie beim Hüten von Schafen lenkt dabei der Mensch seinen Hund aus der Ferne und sorgt dafür, dass das Treiben strukturiert und gesittet zugeht. Bei den Bällen handelt es sich um handelsübliche Gymnastikbälle, die bei zu ruppiger Behandlung eben auch kaputt gehen können. Daher ist beim Treibball eine besonnene Vorgehensweise des Hundes gefragt. Ideal, um sehr aktive Vierbeiner „herunter zu holen“.

Gemeinsame Ballspiele: DogFrisbee!

Spiel auf Seite 42

Eine Sportart, die den geschilderten Ballspielvarianten ähnelt, gibt es zwar nicht, aber die Idee kommt vom DogFrisbee. Hierbei wirft der Mensch Frisbeescheiben in verschiedenen Varianten, der Hund fängt sie aus der Luft. Spektakuläre Körperab- und -übersprünge sind möglich, dabei sollte jedoch stets die Gesundheit des Hundes im Blick behalten werden. Wichtig: Das präzise Werfen der Frisbeescheiben bedarf einiges an hundlosem Extra-Training.

Longieren: Longieren!

Spiel auf Seite 46

Longieren ist eine Art Kreislauf für den Hund. Der Mensch läuft dabei nicht mit, sondern dirigiert seinen Vierbeiner aus der Ferne. Im Gegensatz zum Longieren von Pferden ist der Hund dabei nicht angeleint. Elemente bzw. Geräte aus dem Agility können eingebaut werden, auch zusätzliche Kreise. Nicht nur die Laufrichtung wird dann gewechselt, sondern auch von einem Kreis zum anderen. Gute Teams schaffen die Trainingseinheiten nahezu nonverbal.

Körper als Sportgerät: DogDancing Freestyle!

Spiel auf Seite 52

Hier wird nicht mit dem Wolf, sondern mit dem Hund getanzt! Hund und Mensch trainieren verschiedene Sprünge und Tricks in direkter Nähe zueinander, aber auch mit Abstand. Beim Aufbau einer Choreografie gilt es, alle Tricks, Sprünge und Co. passend zur Musik aneinanderzureihen. Alles zusammen wird als „Tanz“ aufgeführt.

Vierbeinige Haushaltshilfe und Kinderspielzeug: Trickdogging!

Spiel auf Seiten 78 u. 98

Der Kreativität sind beim Trickdogging nahezu keine Grenzen gesetzt. Mit und ohne Requisiten (zum Beispiel Kinderspielzeug) werden neue Kunststückchen trainiert. Inzwischen gibt es in Deutschland verschiedene Arten von Trick-Turnieren oder auch Talent-Castings. Die fachkundige Jury bewertet dabei die Schwierigkeit der Tricks, die Kreativität sowie die Sauberkeit der Ausführung durch Hund und Mensch.

Personensuche: Mantrailing und Rettungshundearbeit!

Spiel auf Seite 90

Nicht nur die Mitglieder der eigenen Familie werden von Mantrailern oder Rettungshunden gesucht und gefunden, auch fremde, im Ernstfall vermisste Personen. Beim Mantrailing lernt der Hund, der Spur eines bestimmten Menschen zu folgen, ihn zu suchen, zu finden und dafür eine tolle Belohnung zu bekommen. Dabei ist der Hund über eine Schleppleine mit seinem Menschen verbunden.

Bei der Rettungshundearbeit wird der Hund darauf trainiert, hilfebedürftige Personen mithilfe einer freien Suche in einem Gebiet zu finden. Mit Bellen in der Nähe der gefundenen Person meldet der Vierbeiner seinen Fund den Rettern.

Sportliche Empfehlungen

Es gibt zwei Auslastungsmodelle, die besonders viele Spiele dieses Buches in sich vereinen: die Zielobjektsuche (ZOS) und JAD Dogs. Beides sind recht junge Hundesportarten, die von deutschen Hundetrainern entwickelt wurden.

Zielobjektsuche (ZOS)

Bereits seit 2005 wird Dank der Hundetrainer Thomas und Ina Baumann professionell geschnüffelt. Bei der ZOS finden sich Elemente aus folgenden Spielen: Schatzsuche, Geldsuche, Hütchenspiel, trickreiche Zahlen und Buchstaben.

Nasenarbeit par excellence: Hier ist Konzentration gefragt!

WIE FUNKTIONIERT DIESER SPORT?

Zuvor konditionierte Gegenstände (zum Beispiel Feuerzeug, Stift, Münze) werden von den Hundenasen gefunden und angezeigt. Im Profi-Status werden die „duften Stücke“ so versteckt, dass sie nicht mehr sichtbar sind. Der eifrige Schnüffler zeigt dann nur noch das reine

Bei der Zielobjektsuche kann jede Verhaltensänderung des Hundes einen Hinweis auf den Status der Suche geben.

Geruchsfeld an. Eine echte Meisterleistung! Je kleiner der ZOS-Gegenstand, desto schwieriger für den Hund und damit umso größer die Beanspruchung des gesamten Organismus des Hundes.

Die ZOS-Gegenstände werden vom Hund nicht ins Maul genommen. Von Beginn an wird trainiert, dass der Schnüffler sich am Ziel ins Platz vor sein Fundstück legt. Die Belohnung bekommt der Hund in genau dieser Position von seinem Menschen.

ANFORDERUNG AN HUND UND HALTER?

Welches Verhalten der Hund zeigt, wenn er die passende Duftnote in der Nase hat, muss jeder Hundehalter lernen. Jeder Hund zeigt es anders! Für uns Menschen bedeutet dies, dass wir die Körpersprache und das Verhalten unseres Hütehundes ganz genau lesen lernen müssen.

FÜR WEN IST ZOS GEEIGNET?

ZOS eignet sich für gesunde Hütehunde aber auch für sogenannte Handicap-Hunde und tierische Oldtimer.

GIBT ES WETTKÄMPFE?

Seit 2007 wird bei ZOS-Meisterschaften in verschiedenen Klassen um die Wette geschnüffelt: Trümmer, Päckchenstraße, Fläche und Wand. Jede Nase kann dabei ganz weit vorne liegen.

JAD Dogs – Jump and Dance

2010 wurde diese Hundesportart in Deutschland von Hundesportlerin und -trainerin Mica Köppel entwickelt. Der Name setzt sich aus den drei Anfangsbuchstaben von „jump and dance“ zusammen. Bei JAD Dogs finden Sie Elemente aus folgenden Spielen: Longieren, Umrunden, Körper als Sportgerät, Aufgaben-Gassi.

WIE FUNKTIONIERT DIESER SPORT?

Bis auf den Slalom und die Kontaktzonen-Geräte werden alle Agility-Geräte verwendet, wenn auch einige in etwas abgewandelter Form. Die Hindernisse werden um einen großen Longierkreis mit einem Durchmesser zwischen sieben und 13 Metern aufgebaut. Der Mensch dirigiert seinen Hund auf Distanz über die Geräte. Dabei kommt es nicht darauf an, besonders schnell zu sein. Viele verschiedene Tricks und Bewegungen werden trainiert und im weiteren Trainingsverlauf passend zur Musik aufgebaut.

Europaweit gibt es inzwischen über 50 ausgebildete JAD-Dogs-Trainer. Der Name ist geschützt. Diese Sportart darf nur von zertifizierten Trainern unterrichtet werden.

Erfunden wurde die Sportart JAD Dogs von Mica Köppel.

Auch Agility-Geräte werden bei JAD Dogs verwendet. Bei einer entsprechenden Auswahl ist diese Sportart aber auch für weniger sportliche Vierbeiner geeignet.

ANFORDERUNG AN HUND UND HALTER?

Durch viel Longier-Übung lernt der Hund, perfekt auf Distanz geführt zu werden. Dieses Können ist eine große Hilfe im Alltag und auch sehr nützlich für andere Sportarten.

FÜR WEN IST JAD DOGS GEEIGNET?

Geistig und körperlich wird Ihre Fellnase zusammen mit Ihnen ausgelastet und gefordert. Bei entsprechender Gerätewahl ist JAD Dogs auch für ältere oder beinträchtigte Hunde geeignet.

GIBT ES WETTKÄMPFE?

Ja, bei den Turnieren soll das Hund-Mensch-Team zu einem Lied eine schöne Choreographie präsentieren. Genau wie beim Dogdance muss die Musik passend interpretiert werden. Dabei gilt es, die Sprünge und Geräte aus JAD Dogs entsprechend vielfältig einzusetzen. Die ruhigen Stellen eines Songs eignen sich dafür, um Positionen, Posen und entsprechende Tricks tänzerisch zu gestalten. In die flotten Passagen werden die Distanzarbeit und die Kreisnutzung in Zusammenhang mit den Geräten eingebaut.

Coole Spiele für kluge Köpfe

Sinneswandel

Hütehunde sind „Seh-Hunde“: Sie arbeiten beim Hüten intensiv mit ihren Augen. Alles, was sich bewegt, ist interessant! Und sie lieben es, ihren Körper voll und ganz einzusetzen.

Mit den nachfolgenden Spielen und Aufgaben motivieren Sie Ihren Hund, auch seine anderen – zum Teil vielleicht noch verborgenen? – Talente zu fördern. Sie erfordern Ruhe, Geschicklichkeit, Konzentration und Gehorsam.

Benutz deine Nase!

Zum Beispiel das Riechen: Die Nase eines Hundes ist mit ihrer Möglichkeit, Gerüche auch in geringster Konzentration wahrnehmen zu können, ein Organ, welches die Hütehunde bei Ihrer eigentlichen Hütearbeit nur selten nutzen. Oft habe ich beobachtet, wie es eine ganze

Die Balance zwischen Action und Entspannung ist der Schlüssel zu einem harmonischen Leben mit einem Hütehund.

Auch Hütehunde lieben es, zwischendurch einfach mal mit Artgenossen das Hundeleben zu genießen.

Weile gedauert hat, bis ein Hüter auf die Idee gekommen ist, von seinem Sinnesorgan Auge auf die Nase umzuschalten, um ans Ziel zu gelangen. Schnüffelarbeiten sind für Hunde sehr anstrengend und beruhigend zu gleich. Sportliche Action ist hier weniger gefragt, vielmehr geht es darum, sich gut konzentrieren zu können.

Beschäftigung im Alltag

Weitere Spiele in diesem Kapitel zeigen Ihnen Möglichkeiten, Ihren vierbeinigen Partner ganz nebenbei zu beschäftigen und ihm Aufgaben im Alltag zu geben.

Die Bindung zu Ihnen wird mit diesem Training wachsen. Ihr Hund lernt, dass die „Arbeit“ mit Ihnen den Tag spannend und interessant werden lässt! Er wird bei Gassirunden und im Haushalt darauf achten, welche tolle Aufgabe als nächstes auf ihn wartet. Auf diesem Wege vermeiden Sie, dass Ihre Fellnase eigene Ideen entwickelt, sich selbst zu bespaßen.

Natürlich darf Ihr Hund auch immer wieder im Haus, im Garten und bei Spaziergängen einfach Hund sein – so lange er ausgeglichen und entspannt ist. Genau wie wir Menschen benötigt auch ein Hund Freizeit, um (fast) all das tun und lassen zu können, was er will. Dazu gehören Tobe-Runden mit den Hundekumpels genauso wie intensives Lesen der „Kontaktanzeigen“ am Wegesrand. Einfach nur mal auf dem Sofa kuscheln oder im Körbchen chillen und die Seele baumeln lassen findet auch ein ausgelasteter, entspannter Hütehund großartig.

Futtersuchspiele

Sich der Nahrungsbeschaffung und -suche hinzugeben entspricht dem Urtrieb all unserer Hunde und erfüllt unsere Vierbeiner tatsächlich mit einer Art Stolz. Napf hinstellen war gestern!

ZIEL DES SPIELS

Der Hund soll sein Selbstbewusstsein stärken, indem er sich sein Futter erarbeitet, statt es einfach im Napf serviert zu bekommen. Diese Beschäftigung fördert außerdem seine Lösungskreativität und seinen Ideenreichtum.

BENÖTIGT WIRD

› Eine stabile PET-Flasche (0,5 oder 1 Liter)
› Ausrangierte Verpackungen (etwa Eierkartons)
› Hundefutter

SO GEHT'S

Suchspiel *Futtersuche im Garten*

Verstreuen Sie das Futter Ihres Hundes wild im Garten und schicken Sie ihn mit „Such!“ los. Das fordert seine Nase und erfordert zudem eine Menge Ausdauer.

Suchspiel *Flaschenfutter*

Sofern Ihr Hund kein echter Zerstörer ist, eignen sich leere PET-Flaschen als spannende Futterspender. 0,5 oder 1-Liter-Flaschen sind hierfür am besten geeignet. Nehmen Sie bitte die stabilen Flaschen und nicht die, die direkt zerknittern. Der Deckel kommt in den Müll und nicht zurück auf die Flasche. Zuerst entfernen Sie jeglichen Getränkerest, spülen und trocknen die Flasche gut ab, damit das Futter anschließend nicht darin kleben bleibt. Dann füllen Sie eine gute Hand voll Futter in die Flasche.

Lassen Sie Ihrer Kreativität bei Futterspielen freien Lauf! Prüfen Sie dabei immer, ob ein Verletzungsrisiko ausgeschlossen ist.

Berry ist ganz versunken darin, das Futter aus dem Eierkarton zu holen.

Während sich Ihr Hund mit dem selbstgebautem Futterspender beschäftigt, lassen Sie ihn nicht unbeaufsichtigt. Falls er doch mal auf die Idee kommen sollte, die Flasche mit den Zähnen zu zerlegen, müssen Sie eingreifen können. Ziel ist es, dass er sie geschickt hin und her rollen und umkippen lässt, um an das enthaltene Futter zu kommen.

Suchspiel *verpacktes Futter*

Kennen Sie diese zylinderförmigen Kaffeepad-Verpackungen? Sie lassen sich prima für Futtersuchspiele nutzen. Füllen Sie eine Handvoll Futter in die Verpackung. Kleben Sie den Deckel mit Kreppklebeband gut zu und übergeben Sie das „Geschenk" Ihrem Hund. Er wird eine Weile zu tun haben, bis er an das Futter kommt.

Eierkartons geben ebenfalls eine gute Verpackung kleiner Futterportionen ab. Damit die ohnehin leicht zerreißbare Box nicht direkt aufgeht, ist auch hier das Umkleben mit Klebestreifen sinnvoll.

INFO

Den Keks „schönarbeiten"

Ich habe Hunde erlebt, die unattraktive Kekse gemieden haben. Wurde dem Hund dann ein Kommando gegeben und ihm für die Ausführung der gleiche Keks erneut angeboten, hat er diesen als Belohnung für den erledigten Job stolz und gern genommen!

Streichelpausen

Ist Ihr aktiver Hütehund mal wieder richtig zappelig, lohnt es sich, ganz gezielt Streicheleinheiten einzusetzen, um ihn wieder „herunterzufahren".

ZIEL DES SPIELS

Der aufgeregte, aufdringliche Hund soll sich entspannen.

BENÖTIGT WIRD

› Ihre Hände und Ihre Stimme

SO GEHT'S

Die meisten Vierbeiner haben gelernt, dass sie Beachtung und Streicheleinheiten bekommen, wenn Sie Ihren Kopf unter unseren Arm schieben, während wir auf dem Sofa liegen. Andere Hunde versuchen es mit leichtem bis heftigem Druck mit dem Kopf gegen unsere Hände. Wieder andere machen es sich direkt auf uns bequem, wenn wir irgendwo liegen oder sitzen, um so in die Nähe der streichelnden und wohltuenden Hände zu gelangen. Oft ist uns gar nicht bewusst, dass wir das Ziel des Hundes mit seinem Verhalten durch unsere Streicheinheiten direkt erfüllen. Es ist für uns normal geworden, in diesen Momenten den Hund zu verwöhnen. Hören wir auf, ihn zu streicheln, beginnt er sich zu bewegen oder gar zu zappeln, um uns deutlich zu machen, dass er übrigens weiter gestreichelt werden möchte. Kennen Sie das bei Ihrem Hund auch? Hier ist es ganz eindeutig, dass der Hund uns sehr konsequent erzogen hat!

Spielen Sie ein neues Spiel mit ihm und bringen Sie ihn damit zu mehr Ruhe und Gelassenheit. Fordert der Hund von Ihnen gestreichelt zu werden, erhält er diese Streicheleinheiten nicht. Ist er ruhig und gelassen, sitzt, liegt oder steht entspannt, bekommt er als Belohnung Ihre streichelnden Hände. Sobald er mehr fordert oder zappelig wird, stellen Sie das Streicheln sofort ein und ignorieren seine Forderung.

Wenn Sie es schaffen, das konsequent einzuhalten, haben Sie bald einen Hund, der weiß, dass streichelnde Hände nur dann kommen, wenn er ruhig und entspannt ist.

TIPP

Sanfte Bewegungen

Streicheln Sie Ihren Hund ruhig und gelassen. Je fester oder wilder Sie ihn liebkosen, umso mehr regt ihn das auf. Ziel ist aber seine Entspannung!

Entspanntes Pausieren muss so mancher Hütehund zunächst lernen – um es dann umso mehr genießen zu können.

Vierbeinige Haushaltshilfe

Die Bereitschaft Ihres Hundes, Sie im Haushalt zu unterstützen, ist groß. Ein weiterer Pluspunkt: Dieser „Job“ beschäftigt Ihren Vierbeiner spielend im ganz normalen Alltag!

ZIEL DES SPIELS

Mit dem Clicker und Keksen oder anderer Belohnung können Sie Ihrem Hund verschiedene, für den Haushalt nützliche, Verhaltensweisen beibringen.

BENÖTIGT WIRD

- Hundekekse
- Ein Clicker

SO GEHT'S

Das (und noch viel mehr!) kann Ihre vierbeinige Haushaltshilfe für Sie übernehmen:

- Leere Plastikflaschen von A nach B tragen und gegebenenfalls in den passenden Behälter räumen
- Müll in den Abfalleimer bringen
- Wäsche in oder aus der Maschine räumen
- Ihnen die Socken ausziehen und die Hausschuhe bringen
- Heruntergefallene Dinge aufheben
- Schränke und Schubladen öffnen und schließen

Bei der Übung „Öffnen von Schränken und Schubladen“ überlegen Sie vorher bitte genau, ob Ihr Hund sein neu erlerntes Können vielleicht zu seinem eigenen Nutzen anwenden könnte, um einfach mal Unsinn zu machen. Auch müssen die Schubladen und Schränke eventuelle Kratzer vertragen können. Der Aufbau der verschieden Hilfstätigkeiten geschieht immer in ganz kleinen

Emma ist gespannt, was es in der Schublade Spannendes zu entdecken gibt.

„Das bisschen Haushalt macht sich von allein", meint Emma.

Schritten. Zunächst muss Ihr Hund mit Hilfe des Clickers und Keksen verstehen, um welchen Gegenstand es geht und wie das Ziel der Aufgabe aussieht. Beim Clickern der Aufgaben ist es ähnlich wie beim altbekannten Kinderspiel Topfschlagen oder auch Blinde Kuh: Schaut Ihr Hund in die richtige Richtung gibt es Click, Keks und Lob. Geht er zum Beispiel einen Schritt auf die Waschmaschine zu: Click, Keks, Lob. Schnüffelt er an der Wäsche: Click, Keks, Lob usw. Sobald Ihr Hund ein Stück Wäsche ins Maul nimmt, können Sie eine große Party für Ihren Vierbeiner starten, sodass er versteht, dass genau das der Weg zum Ziel ist. Ihr Hund wird sich zukünftig freuen, wenn Sie in Ihrem Alltag ganz bewusst schusselig sind und Ihnen ständig etwas herunterfällt.

INFO

Auf Hundesicherheit achten

Bei all diesen Aufgaben ist es wichtig, auf die Sicherheit Ihres Hundes zu achten! Lassen Sie ihn zum Beispiel keine Feuerzeuge aufheben. Der wegzuräumende Müll muss ebenfalls hundegeeignet sein.

In vielen kleinen Trainingsschritten hat Emma gelernt, was das Wort Aufräumen bedeutet.

Spielzeug aufräumen

Ihr Hund hat mal wieder all sein Spielzeug verteilt – egal ob drinnen oder draußen? Es sieht aus wie in so manchem Kinderzimmer? Nicht schlimm, er kann ja selber aufräumen! Fordern Sie Ihren Hund auf, eines der Spielzeuge zu holen (zu apportieren). Gesammelt wird das Spielzeug in einer großen Kiste oder Tonne. Der Sammelbehälter steht zu Beginn des Trainings zwischen Ihnen und Ihrem Hund. Sie strecken die Hand über dem Behälter aus und fordern vom Hund „Aus!". Lässt er das Spielzeug über dem Behälter fallen, ziehen Sie Ihre Hand weg, damit es im Behälter landet. Es folgen ein Click, ein Keks und die Nennung des zukünftigen Kommandos: „Aufräumen". Wiederholen Sie die Übung und nehmen Sie Ihre Hand dabei mehr und mehr aus dem Spiel. Lässt Ihr Hund das Spielzeug dennoch in den Behälter fallen? Sehr gut! Nun positionieren Sie den Behälter weiter von sich weg. Vielen Hunden fällt es schwer, zu verstehen, dass das Spielzeug nicht zu seinem Menschen soll, sondern zum Behälter. Weiß er doch, dass es vom Menschen geworfen werden kann – vom Behälter jedoch nicht! Erklären Sie Ihrem Hund von Anfang an, dass das Herausnehmen von Spielzeug aus der Kiste falsch ist und nicht zum Erfolg führt (kein Lob, kein Keks). Gültig sind nur geholte und dann aufgeräumte Spielzeugteile.

Für den Hund gehört eine große Portion Selbstbeherrschung dazu, das Spielzeug wegzubringen anstatt zu holen.

Schatzsuche

Hütehunde sind in erster Linie „Augenhunde“: Alles, was sich bewegt, ist interessant. Bei diesem Spiel sind zum einen die Augen gefragt, zum anderen bekommt auch die Nase ordentlich Arbeit.

ZIEL DES SPIELS

Der Hund soll in erster Linie über Nasenarbeit beschäftigt werden. Wenn Ihr Vierbeiner die Spielregeln verstanden hat, dann sucht und findet er Schätze auch in schwierigen Verstecken mit großer Distanz von der Startposition zuverlässig und mit viel Freude.

BENÖTIGT WIRD

- Etwas Grundgehorsam, zum Beispiel das Kommando „Bleib“
- Ein tolles Spielzeug als Schatz

SO GEHT'S

Legen oder setzen Sie Ihren Hund ab und sagen Sie ihm, dass er dort bleiben soll.

Monty schummelt bei diesem Spiel für sein Leben gern.

Und welches ist der größte Spielzeug-Schatz Ihres Hundes?

Zu Beginn des Spiels entfernen Sie sich – für den Hund sichtbar – samt Spielzeug und legen den „Schatz" in einigen Metern Entfernung auf den Boden. Wenn Sie draußen sind, legen Sie es gern etwas ins Gras oder ins Gebüsch. Schummelt Ihr Hund und läuft hinter Ihnen her, korrigieren Sie ihn und bringen ihn zu genau derselben Stelle wieder zurück. Nachdem Sie den Schatz versteckt haben, kehren Sie zurück zu Ihrem brav wartenden Hund. Erst wenn Sie wieder bei ihm sind, darf er auf Ihr Kommando „Such" loslaufen. Hat er das Spielzeug gefunden und bringt es Ihnen sogar, gibt's eine tolle Belohnung. Das Spiel beginnt von vorn mit einer neuen Versteckstelle.

Jetzt folgt Schritt Nummer zwei: Legen oder setzen Sie Ihren Hund erneut ab. Er darf Sie wieder beim Verstecken des Schatzes beobachten. Sie entfernen sich von Ihrem brav wartenden Hund. Bücken Sie sich nach ein paar Metern das erste Mal und täuschen Sie die Ablage des Schatzes vor. Ein paar Meter weiter

TIPP

Anstrengend und ruhig

Nasenarbeit ist spannend und sehr anstrengend für die Hunde. Gleichzeitig ist es eine verhältnismäßig ruhige Auslastung. Der Hund wird nicht übermäßig angestachelt.

verstecken Sie den Schatz tatsächlich. Um es noch spannender und schwieriger zu machen, gehen Sie nochmals etwas weiter und täuschen erneut vor, das Spielzeug dort abzulegen. Die meisten Hunde starten direkt zum letzten Punkt und werden dort verdutzt feststellen, dass da kein Schatz zu finden ist. Spätestens jetzt wird die Nase zum Einsatz kommen, denn die Augen haben ihn getäuscht. Die Reihenfolge des tatsächlichen Schatz-Ablegens und des Täuschens variieren Sie jedes Mal.

Bei Stufe drei der Schatzsuche ist es an der Zeit, dass Ihr Hund sich komplett auf seine Nase verlässt. Suchen Sie sich ein Gelände oder einen Raum, bei dem Ihr Hund so abgelegt werden kann, dass er Sie beim Verstecken des Schatzes nicht sieht. Wenn Sie das Spiel im Haus durchführen, lassen Sie den Hund einfach in einem anderen Raum warten. Bevor Sie sich auf den Weg machen, um den Schatz diesmal ganz heimlich zu verstecken, versichern Sie sich, ob Ihr Hund nicht schummelt und heimlich vorgekommen ist, um Sie zu beobachten. Im Haus haben Sie den Vorteil, die Tür schließen zu können. Wenn Sie draußen sind, kann vielleicht ein Trainingspartner den Hund beaufsichtigen. Sobald Sie den Schatz versteckt haben, kehren Sie zum Hund zurück und schicken ihn auf die Suche. Auch hier wird die Aufgabe noch anspruchsvoller, wenn Sie zusätzlich vorgetäuschte Schätze ablegen. Einige Hunde haben sehr schnell gelernt, dass es der beste Lösungsweg ist, den Geruchsspuren seines Menschen zu folgen. Wenn Sie bewusst Zickzack laufen, ist Ihr Hund gezwungen, sich ganz auf den Geruch des Spielzeugs zu konzentrieren.

Schatzsuche *3D*

Die meisten Hunde suchen ihre Schätze auf dem Boden. Wenn die ersten Suchvarianten ihn nicht mehr genügend fordern, dann bauen Sie die dritte Ebene ein: die Höhe! Ab sofort kann ein Schatz zusätzlich auf Fensterbänken, Parkbänken, Astgabelungen, Mauern, Sofas, Tischen, Regalen oder ähnlichem liegen.

Dank dem Einsatz von Augen *und* Nase hat Monty seinen Schatz gefunden.

Achten Sie darauf, dass Ihr Hund sich nicht verletzen kann, wenn er seinen Schatz aus dem Versteck holt. Manch ein Hund traut sich nicht, die Beute aus der Höhe zu bergen. Vielleicht ist der Schatz von Ihnen auch zu hoch versteckt worden, sodass er nicht dran kommt? Achten Sie auf Ihren Hund, ob er Ihnen klar und deutlich anzeigt, dass er den Schatz gefunden hat. Ist dem so, dann loben und belohnen Sie ihn und geben ihm sein Schatz-Spielzeug.

TIPP

Der Schatz im Beutel

Sollte Ihr Hund kein Spielzeug-Fan sein, ersetzen Sie es gegen einen Futterbeutel.

Markentraining

Hütehunde sind prädestiniert dazu, auf Abstand zu arbeiten. Im täglichen Leben kommen solche Situationen jedoch selten vor. Das Markentraining ist eine gute Möglichkeit, dieses Talent zu fördern.

ZIEL DES SPIELS

Sie können Ihren Hund zu bestimmten Marierungen schicken und dort weitere Verhaltensweisen von ihm abrufen.

SIE BRAUCHEN

- Ein bis drei einfache, günstige Fußmatten oder Teppichstücke
- Kekse
- Clicker

SO GEHT'S

Beim Markentraining ist die „Marke“ der Ort, an beziehungsweise auf dem das nachfolgende Kommando ausgeführt werden soll. Legen Sie die Fußmatte irgendwo auf den Boden. Zeigt Ihr Hund an der Matte bereits Interesse, gibt es einen Click, ein Lob und einen Keks. Entfernen Sie sich mit Ihrem Hund von der Matte und gehen Sie dann erneut dorthin. Berührt Ihr Hund mit mindestens einer Pfote die Matte: Click, Lob, Keks! Sie entfernen sich wieder von der Matte und machen sich direkt wieder auf den Weg dorthin. Mindestens eine Pfote muss erneut die Matte berühren, um Click, Lob und Keks zu erhalten. Wiederholen Sie den Vorgang so häufig, bis Sie erkennen können, dass Ihr Hund verstanden hat, dass er auf die Matte gehen soll. Ihr Abstand zur Marke vergrößert sich immer weiter. Ihr Ziel ist jetzt, dass Sie Ihren Hund mit einem Abstand von bis zu fünf Metern auf die Marke schicken können. Ihr Lehrling

Sitz auf der Marke ist ein Zwischenschritt zu nachfolgender Aufgabe mit Markierungen.

Obwohl er erst acht Monate alt ist, meistert Monty das Markentraining bereits super.

soll auf der Marke verweilen. Damit er das macht, ist es unbedingt notwendig, dass der Keks zum Hund und nicht der Hund zum Keks kommt! Am besten ist es, wenn Sie dem Hund den Keks zuwerfen können. Dabei muss der Keks nicht unbedingt von Ihrem Hund aus der Luft gefangen werden, jedoch zumindest auf oder in direkter Nähe zur Matte landen. Klappt? Spitze! Weiter geht's mit der Übung: Schicken Sie Ihren Hund zur Marke. Ist er dort angekommen, geben Sie ihm ein weiteres Kommando, welches er sehr gut beherrscht. Das kann zum Beispiel „Sitz!" sein. Setzt sich Ihr Hund, gibt es einen Click, ein Lob und einen fliegender Keks. Rufen Sie nun Ihre Fellnase wieder zu sich und loben Sie ihn. Schicken Sie ihn erneut zur Marke und fordern diesmal „Platz!". Klappt es?

Dann – Sie wissen schon: Click, Lob, fliegender Keks. Klappt dieser Schritt noch nicht, dann verringern Sie den Abstand zu Ihrem Hund so weit, dass es wieder funktioniert. Wie bereits geschrieben, haben unsere Vierbeiner meist jahrelang gelernt, dass Kommandos in direkter Nähe zu uns auszuführen sind. Dass das nun auch gehen soll, obwohl mehrere Meter zwischen ihnen liegen, ist Ihrem Hund am Anfang vielleicht einfach unverständlich. Haben Sie Geduld. Kann Ihr Hund weitere Kommandos? Dann probieren Sie aus, ob er diese auch ausführt, wenn er auf der Marke ist.

Noch schwieriger

Nehmen Sie eine weitere Matte als Marke hinzu. Bringen Sie Ihrem Hund bei, dass er zu der Marke gehen soll, in deren Richtung Sie zeigen. Vermitteln Sie ihm, dass er auch von Marke zu Marke wechseln kann, wenn Sie ihm das Kommando geben und die andere Marke anzeigen. Verkleinern Sie nun die Marken immer weiter, bis sie nur noch die Größe einer Postkarte haben.

Bei Film- und Fernsehproduktionen wird bei Aufnahmen mit Hunden sehr oft die Markenarbeit eingesetzt. Später im Film sind die Marken nicht mehr erkennbar. Der Trick dabei ist: Die ehemaligen Fußmatten sind durch ganz natürliche Gegenstände ersetzt worden. So haben die tierischen Filmstars

Gleich kommt der Click. Der Aussie-Mix wartet gespannt darauf: „Habe ich alles richtig gemacht?“

Die Marke mit Keksen zu bestücken ist im Prinzip eine gute Idee – beim Markentraining ist der beschriebene Weg jedoch sinnvoller.

gelernt, dass Ihre Marke zum Beispiel ein Stein mit dem Geruch ihres Menschen oder eine Kastanie ist. Punktgenau kommt der Hund in der Szene zum Stehen und setzt sich. Es sieht ganz natürlich und spontan aus – in Wirklichkeit war es jedoch Markenarbeit. Probieren auch Sie gern aus, ob in Ihrem Hütehund die Fähigkeit zum Filmstar steckt und tauschen Sie die einstige Fußmatte gegen natürliche Gegenstände aus. Hierbei soll der Hund möglichst nah an dem Gegenstand stoppen und ihn nicht unbedingt mit den Pfoten berühren.

INFO

Fehlverknüpfung vermeiden

Wenn Sie Ihrem Hund direkt zum Übungsstart „Geh Marke!“ sagen, so wird er sämtliches nachfolgendes Fehlverhalten mit diesem Kommando verknüpfen. Erst, wenn sicher ist, dass Ihr Hund das gewünschte Verhalten sehr wahrscheinlich zeigen wird, sollten Sie ihm auch das Wort dazu beibringen.

Personensuche

Auch Ihr Hund kann ein kleiner „Hobby-Rettungshund" sein und lernen, Sie oder einen Freund in einem Gelände zu suchen und zu finden. Dabei helfen die Hüte-Gene, die die Herde zusammenhalten wollen.

ZIEL DES SPIELS

Der Hund soll über Nasen- sowie Augenarbeit ausgelastet werden. Er wird am Ende dazu fähig sein, sowohl Sie selbst als auch Ihre Freunde oder Familienmitglieder im schwierigen Gelände zu suchen und zu finden. Ein kleiner Held bei der Suche „vermisster" Menschen!

SIE BRAUCHEN

- Besonders tolle Belohnung (zum Beispiel Katzenfeuchtfutter oder das tollste Spielzeug)
- Ein passendes Gelände, auf dem der Hund frei laufen darf

SO GEHT'S

Bei diesem Spiel gibt es zwei Varianten:

- Sie lassen sich selbst suchen
- Ihr Hund sucht eine andere, ihm bekannte Person

Ihr Hund sucht Sie

Lassen Sie Ihren Hund sich setzen und warten, bis Sie sich entfernt und versteckt haben. Mit einem Ruf oder Pfiff geben Sie ihm das Zeichen, dass er Sie suchen soll. Bei der einfachen Version konnte er zuvor sehen, wohin Sie gegangen sind. Schwieriger wird es für ihn, wenn er Ihnen nicht mit seinem Blick folgen konnte. Aber Vorsicht: Oft ist es so, dass unsere lieben Vierbeiner nicht mehr sitzen und warten, sobald sich Ihr Mensch aus Ihrem Blickfeld bewegt. Besser und einfach ist es daher, wenn eine weitere Person Ihren Hund fest- oder im Kommando hält, bis er sich suchend zu Ihnen auf den Weg machen kann. Hat Ihr Hund Sie gefunden, eröffnen Sie für ihn eine riesige Hundeparty mit Keksen und großem Jubel. Findet Ihr Hund Sie nicht, helfen Sie ihm und machen Sie auf sich aufmerksam. Das Spiel soll schließlich Spaß machen und keine plötzliche Verlustangst auslösen.

Ihr Hund sucht eine andere Person

Das Versteckspiel mit Freunden funktioniert ganz ähnlich. Wichtig ist, dass der Hund einen Grund hat, Ihre Freunde zu suchen. Machen Sie es Ihrem Hund schmackhaft, den versteckten Menschen zu finden. Statten Sie ihn mit dem liebsten Spielzeug aus oder mit besonders tollem Futter. Ihr Hund soll sehen, dass der andere Mensch mit diesen grandiosen Sachen verschwindet. Am Anfang sollte die Entfernung zwischen ihrem Hund und dem Versteckten noch nicht so groß sein. Die Suchmotivation muss erst erlernt werden. Erst, wenn der Hund verstanden hat, worum es geht und wie das Spiel funktioniert, sind auch größere Entfernungen möglich.

Die Freude ist groß, als Storm sein Frauchen wiederfindet!

INFO

Wo ist meine Herde?

Hütehunde sind von Natur aus bemüht, die Herde zusammenzuhalten. Im wahren Leben arbeiten sie dabei primär mit den Augen. Beim Versteckspielen wird der Hund allerdings recht bald die Nase mit hinzunehmen müssen, da eines seiner „Herdentiere“ für ihn nicht mehr sichtbar ist.

Geldsuche

Für dieses Spiel müssen Sie fünf oder zehn Euro investieren, denn es geht darum, dass Sie Ihrem Hund beibringen, einen dieser beiden Scheine zu suchen und zu finden.

ZIEL DES SPIELS

Am Ende des Trainings ist Ihr Hund in der Lage, verschiedene Geldscheine anhand des Geruchs auseinander zu halten sowie den zuvor angesagten 5- oder 10-Euro-Schein am Fundort anzuzeigen. Unschlagbarer Vorteil: Beim nächsten Bankraub mit versteckter Beute könnte Ihr vierbeiniges Genie damit den Finderlohn kassieren!

SIE BRAUCHEN

- 5- oder 10-Euro-Scheine
- Kekse
- Clicker

SO GEHT'S

Zeigen Sie Ihrem Hund den Geldschein. Schaut er ihn an, bekommt er einen Click, Keks und Lob. Schnuppert er daran: Click, Keks, Lob. Möchte er ihn jedoch ins Maul nehmen, sagen Sie zum Beispiel „schade" oder „falsch" und ziehen oder nehmen den Schein weg. Halten Sie den Schein jetzt immer weiter von Ihnen weg. Geht Ihr Hund zum Schein, schaut diesen an, berührt ihn oder schnuppert er daran, bekommt er wieder einen Click, einen Keks und ein Lob. Jetzt können Sie beginnen, den Schein ein bis zwei Meter von Ihnen entfernt auf dem Boden zu platzieren. Legen Sie einen Stein oder ein schweres Buch halb über den Schein, sodass ein Aufnehmen für Ihren Hund nicht möglich ist. Schicken Sie Ihren Hund mit „Such Fünfer!" auf die Suche. Ist er am Schein, bekommt er einen Click, einen Keks und ein Lob. Beobachten Sie Ihren Hund genau wie er aussieht beziehungsweise wie er sich verhält, wenn er den Schein gefunden hat. Manch einer wedelt freudig mit der Rute und bleibt stehen. Ein anderer macht bellend auf den Fund aufmerksam. Der nächste legt sich davor und zeigt damit an, dass dort etwas ist, was einen Keks verspricht. Der 5-Euro-Schein bekommt nun drinnen oder draußen jeweils einen leicht veränderten Ort als Versteck. Dieses ist zu Beginn für Ihren Hund ruhig noch sichtbar. Erst, wenn Sie den Eindruck haben, dass er ganz sicher verstanden hat, was Sie von ihm möchten, darf der Schein auch von Ihnen versteckt werden, wenn Ihr Hund Sie dabei nicht beobachten kann.

Die beiden Mischlinge Matze und Emma teilen sich die Aufgabe der Geldsuche gern.

10

Die Geruchsnote des Scheins wird von Emma klar erkannt und durch Vorliegen angezeigt.

Anspruchsvollere Varianten

Läuft es gut? Dann versuchen Sie diese schwierigeren Varianten: Bitten Sie eine andere Person, einen anderen 5-Euro-Schein zu verstecken. Wichtig: Sie fassen den Schein des anderen nicht an. Ihr Hund soll den Geruch des Scheines lernen und nicht das „Papier" suchen, das Sie zuletzt in der Hand hatten. Oder verstecken Sie den Schein nicht nur auf dem Boden, sondern auch mal an einer höheren Stelle. Möglich ist es auch, das Sie gleich mehrere 5-Euro-Scheine verstecken. Je nach Motivation und Frustrationsgrenze Ihres Hundes ist hierbei ein Keks und Lob nach jedem Fund notwendig.

Wenn Sie an dem Punkt angekommen sind, dass Sie bereits einen richtig guten 5-Euro-Schein-Suchhund haben, dann startet das Training mit dem 10-Euro-Schein. Die Vorgehensweise ist genau wie bei dem Fünfer. Fangen Sie wieder ganz vorne an: Schein ansehen und beschnuppern lassen, den Schein sichtbar verstecken und finden lassen und so weiter. Durch das vorausgegangene Training mit dem 5-Euro-Schein wird der Trainingsfortschritt voraussichtlich schneller eintreten. Nennen Sie den Schein beim Namen: „Such Zehner!". Klappt? Prima! Nun folgt die große Herausforderung der Geruchsunterscheidung zwischen Fünfer und Zehner. Legen Sie dafür beide Scheine mit einem Abstand von ein bis zwei Metern jeweils halb unter ein Buch oder einen Stein. Geben Sie das Kommando: „Such Fünfer!". Zeigt Ihr Hund den Fünfer, bekommt er ein Click, Lob, Keks und Party! Rufen Sie Ihren Hund zu sich und starten Sie neu mit dem Kommando: „Such Zehner!". Zeigt er nun den falschen Schein an, ignorieren Sie es oder geben ihm die Info „schade" oder „falsch". Ist er beim richtigen Schein angekommen, folgen wieder Click, Keks, Lob und große Freude. Wenn Ihr Hund den Unterschied zwischen Fünfer und Zehner verstanden hat, sind nun die Spielvarianten mit beiden Scheinen gleichzeitig möglich.

TIPP

Sanft korrigieren

Vermeiden Sie die Wörter „Nein" und „Aus". Diese beiden Begriffe sind in diesem Moment zu hart. Sie könnten den Hund verunsichern, da es ihm vermittelt, etwas völlig Falsches gemacht zu haben. Die Konsequenz kann sein, dass er die Scheine komplett ignoriert.

Alternative zu Geldscheinen

Sie möchten nicht mit Geld spielen oder Ihr Hund tut sich bei der Scheinsuche sehr schwer? Dann nehmen Sie zwei unterschiedliche Teebeutel. Da Teebeutel nicht lange halten, packen Sie zum Beispiel Pfefferminztee in eine kleine Filmdose. Die Dose hat zuvor von Ihnen ein kleines Loch bekommen, damit der Geruch nach außen dringen kann. Eine andere Dose wird mit Kamillentee ausgestattet. Alle weiteren Spielregeln und Übungsvorgänge sind die gleichen wie mit den Scheinen.

Ziel ist es, dass der Hund allein aufgrund des Geruchs den 5-Euro- und den 10-Euro-Schein auseinanderhalten kann.

Hütchenspiel

Auch die Nervösen unter unseren Hütehunden sind hier gefordert, etwas mehr Ruhe an den Tag zu legen. Denn Hektik und ungestüme Bewegungen führen bei dem Hütchenspiel nicht zum Erfolg.

ZIEL DES SPIELS

Ihr Hund soll den großen Ton-Blumentopf anzeigen, unter dem der Schatz (Futter oder Spielzeug) liegt. Löst Ihr Hund die Aufgabe, so heben Sie den Topf und der Weg zum Schatz ist frei.

SIE BRAUCHEN

- Ein bis fünf Tennisbälle
- Fünf bis zehn große Tontöpfe (die so groß sind, dass der Hund sie nicht oder nur sehr schwer umstürzen kann)
- Papiertaschentücher

SO GEHT'S

Bei der leichten Variante dieses Spiels wird *ein* Spielzeug unter den fünf bis zehn Töpfen versteckt. Je nach Talent und Frustrationsgrenze des Hundes starten Sie zunächst mit nur zwei Töpfen, um eine fünfzigprozentige Gewinnchance zu geben. Erst, wenn Ihr Vierbeiner das Spiel verstanden und gelernt hat, woran er erkennt, welcher der Töpfe den gewünschten Erfolg bringt, erhöhen Sie die Anzahl der Töpfe nach und nach. Wenn Ihr Hund von der ganz pfiffigen Sorte ist, können Sie natürlich auch direkt mit allen Töpfen starten.

Schlechtes Wetter? Egal, auch in der Wohnung lässt sich dieses Spiel prima durchführen.

Variieren Sie den „Schatz“! Mal ist es der Ball, mal ein anderes Spielzeug, mal liegen Kekse unter dem Topf.

Anspruchsvollere Varianten

Sie haben fünf verschiedene Tennisbälle. Einen der Bälle halten Sie für einige Zeit in der Hand und verstecken ihn dann unter einem der Töpfe. Die anderen vier Bälle sollen Ihren Geruch nicht annehmen. Entweder arbeiten Sie dazu mit Latex-Handschuhen oder mit einem Helfer, der die Bälle ebenfalls unter den Töpfen versteckt. Ziel ist es, dass Ihr Partner mit der guten Nase den Topf mit dem Ball anzeigt, den Sie in der Hand hatten.

Als Variante zum Ball kann auch mit Papiertaschentüchern gearbeitet werden. Eines der Taschentücher halten Sie länger in der Hand oder am Körper, damit es Ihren Geruch annimmt. Die anderen werden mit Taschentüchern bestückt, die Sie zum Beispiel mit Hilfe einer Zange anfassen, damit sie nicht Ihren Geruch annehmen. Bei dieser Variante ist es wichtig, dass der Hund anschließend eine tolle Belohnung erhält – ein Taschentuch an sich ist sicher kein „Schatz“ im Sinne des Hundes. Eine weitere Variante: Trainieren Sie Ihren Hund auf die Gerüche und damit auch auf die Namen Ihrer Familienmitglieder. Unter den Töpfen können zum Beispiel getragene Kleidungsstücke liegen. Auch hier arbeiten Sie in ganz kleinen Schritten. Ihr Hund muss zunächst die Aufgabe verstehen, bevor Sie mit der Kleidung einer Großfamilie die Töpfe bestücken.

INFO

Was ist der Schatz?

Erhöhen Sie erst dann die Anzahl der Taschentücher oder der Bälle, wenn der Hund mit der einfachen Variante sicher ist. Ihr Vierbeiner muss zunächst verstehen, dass es um einen Schatz mit Ihrem Geruch geht und nicht um Bälle oder Taschentücher im Allgemeinen.

Kinderspielzeug

Ein Bummel über den Flohmarkt offenbart wahre Schätze! So manches abgelegte Kinderspielzeug kann im Handumdrehen zum tollen Hundespiel umfunktioniert werden. Achten Sie auf ungefährliche Materialien!

ZIEL DES SPIELS

Förderung der Feinmotorik.

SIE BRAUCHEN

- Ungefährliches, altes Kinderspielzeug
- Kekse
- Clicker

SO GEHT'S

Ein „echtes Kinderspiel“ ist es allerdings nicht, dem Hund den Umgang mit dem Spielzeug beizubringen. Es erfordert von Ihnen viel Geduld und das richtige Timing beim Clickern.

Viel Geschick, Geduld und Kreativität fordert Kinderspielzeug von unseren Hunden.

Ist der Hund ratlos, können Sie ihm mit kleinen Gesten helfen.

Es gibt das schöne, einfache Spiel, bei dem Ringe über einen Stab gestapelt werden. Damit die Stange nicht wegrutschen kann, können Sie sie auf einem Brett verschrauben. Für den Hund ist es schwierig zu verstehen, dass es sich bei diesem Kinderspielzeug um zwei Gegenstände gleichzeitig handelt: Es gibt die Stange und es gibt die Ringe. Beim Versuch, auf die Lösung der Aufgabe zu kommen, probieren Hunde die verschiedensten Möglichkeiten durch: Apportieren der Ringe, der Stange, oder auch das Abbauen der Stange vom Brett … Mit dem Clicker und toller Belohnung ausgerüstet wird der Tag kommen, an dem der Groschen fällt und Ihr Hund versteht, dass seinem Menschen vor Freude die Tränen kommen, wenn er den Ring über die Stange führt.

Beim Lösen solcher Aufgaben ist gut zu beobachten, dass es Schnauzenhunde und Pfotenhunde gibt. Pfotenhunde probieren sofort und sehr intensiv, die Aufgabe mit Hilfe ihrer Pfoten zu lösen. Schnauzenhunde hingegen brauchen – je nach Aufgabe – sehr lange, um zu verstehen, dass nur der Einsatz der Pfoten zum Ziel führt – nicht die Schnauze. Zusätzlich zum Spiel mit den Ringen und der Stange ist auch der Einsatz von großen Rechenschiebern möglich. Die Aufgabe: Die Kugeln auf der Stange von rechts nach links zu schieben oder umgekehrt.

INFO

Sicherheit geht vor

Lassen Sie Ihren Ideen beim Einsatz von Kinderspielzeug freien Lauf! Achten Sie jedoch darauf, dass zu keiner Zeit Verletzungsgefahr für Ihren Vierbeiner besteht und dass das Spielzeug weder gefährlich zerkaut noch verschluckt werden kann.

Trickreiche Zahlen und Buchstaben

Freunde und Familie bringen Sie zum Staunen, wenn Sie Ihrem Hund das „Lesen“ von Zahlen oder Buchstaben beibringen. In Wirklichkeit lernt er natürlich nicht lesen, sondern Gerüche zu unterscheiden.

ZIEL DES SPIELS

Nach einigem Training ist Ihr „Graf Zahl“ in der Lage, die passenden, von Ihnen angesagten Boxen mit den Ziffern zu bringen. Die Genies können sogar lernen, die Boxen immer in einer bestimmten Reihenfolge zu apportieren und so selbständig ihr Geburtsjahr oder ihren Namen darzustellen. Macht viel Eindruck!

SIE BRAUCHEN

› Behältnisse (zum Beispiel Dosen), in die Teebeutel passen. Die Dosen müssen so beschaffen sein, dass der Hund sie weder verschlucken noch zerbeißen kann.

SO GEHT'S

Beginnen Sie mit der ersten Zahl 1 (oder einem Buchstaben). Schreiben Sie gut lesbar die Zahl auf eine Dose und füllen Sie sie mit einem Beutel Kamillentee. Mit Hilfe des Clickers erklären Sie Ihrem Hund, dass er die „1“ holen soll. Holt er sie, gibt es einen Click, Lob und Keks. Gestalten Sie das Spiel spannend! Verstecken Sie die Kamillen-Dose und lassen Sie Ihren Hund den Geruch der Kamille suchen und die Dose bringen. Klappt das gut, bringen Sie eine weitere – gleich aussehende – Dose ins Spiel. Die Dose 2 ist mit Pfefferminztee gefüllt. Spielen Sie das Spiel zunächst nur mit der neuen Dose und lassen die Dose mit der Nr. 1

Pia ist erst drei Jahre alt – und kann schon buchstabieren!

aus dem Spiel. Erst, wenn es gut läuft, kommt auch Dose 1 wieder mit dazu. Auf das Kommando: „Eins“ oder „Zwei“ soll Ihr Hund nun zielstrebig die richtig riechende Dose bringen. Weiter geht es mit den Dosen 3, 4, 5 und so weiter. Jede Dose bekommt ihren eigenen Geruch, zum Beispiel ihre eigene Teesorte. Mit neuen Zahlen wird zunächst immer einzeln geübt, erst nach und nach werden die anderen, bereits gelernten und trainierten Dosen hinzugenommen. Der Aufbau bei Buchstaben statt Zahlen ist genau gleich. Ein hübsches Ziel kann hierbei sein, dass Ihr Hund nach jeweiliger Aufforderung die Buchstaben seines Namens bringt.

TIPP

Mit Duftlöchern

Wenn Sie Behältnisse nutzen, die luftdurchlässig sind oder solche, in die Sie noch extra Duftlöcher gebohrt haben, erleichtern Sie Ihrem Hund seine Arbeit.

Mit dem Wissen, dass Drogen- und Sprengstoffhunde in der Lage sind, sicher und sehr gut eingepackte Geruchsstoffe in Koffern und Taschen zu finden, sollte auch der Teebeutel in einer Plastikdose kein Problem, sondern lediglich eine Herausforderung für Ihren Hund sein.

M-inze, A-nis, N-elken: Aus Gerüchen werden Worte.

Problemzonen

Wenn's mit dem Training nicht klappt ...

Seien Sie nicht enttäuscht, wenn es beim Training heute nicht so gut funktioniert wie gestern oder vorgestern. Studieren Sie das Verhalten Ihres Hundes, dann finden Sie die Lösung!

Unsichtbare Ungeheuer

Mancher Hund scheint unsichtbare Ungeheuer zu sehen: Plötzlich ist der Vierbeiner wie verstockt und kann nicht mehr klar denken oder reagieren.
Mein Tipp: Unterbrechen Sie das Training und lenken Sie Ihren Hund mit etwas Schönem ab. Starten Sie das Training nach einigen Minuten neu.

Sichtbare Ungeheuer

Bislang hat das Training gut funktioniert, Sie und auch Ihr Vierbeiner hatten viel Spaß und haben gute Fortschritte gemacht – heute will Ihr Hund jedoch nicht mitmachen und scheint gar verängstigt zu sein? Dann prüfen Sie bitte, ob der Trainingsort sich verändert hat. Manche Hunde behaupten, dass in

Klare Körpersprache: Diesem Kelpie ist diese Situation offensichtlich sehr unangenehm.

Gegenwart von Staubsaugern große Gefahr herrscht und dort auf gar keinen Fall trainiert werden kann. Andere wiederum sind der Meinung, dass lange Kabel oder Mülltüten extrem gefährlich sind ...
Mein Tipp: Räumen Sie die bedrohlichen Gegenstände behutsam an die Seite und starten Sie das Training erneut, sobald sich Ihr Hund vergewissert hat, dass die Ungeheuer wirklich weg sind.

Fehlende Multitaskingfähigkeit

Hunde sind durch Geräusche und Gerüche schnell ablenkbar. Auch spielende Artgenossen oder Jogger und Spaziergänger lenken das Interesse des Hundes auf sich.
Mein Tipp: Suchen Sie sich besonders für die ersten Trainingseinheiten ruhige Orte aus, an denen andere Hunde auch noch keine oder möglichst wenige „Kontaktanzeigen“ an Sträuchern und Bäumen hinterlassen haben. So ist die Chance am größten, dass Ihr Trainingspartner Ihnen die volle Aufmerksamkeit schenkt und nicht der Umwelt.

Weniger ist mehr

Ihr Hund hat eine Übung bereits mehrfach wirklich toll gemacht, doch irgendwann bricht er ab oder führt alles nur noch sehr unsauber aus? Ein Beispiel: Wenn ich Sie bitte, den Kopf zu schütteln, dann führen Sie mein Kommando gern und bereitwillig aus. Bitte ich Sie jedoch zum zehnten Mal, Ihren Kopf zu schütteln, werden Sie sich mehr und mehr weigern, da es unangenehm wird. Ähnlich kann es Ihrem Hund auch mit einer Übung gehen. Weiter kann es sein, dass Ihr Hund das Interesse verliert, da sie bei stetiger Wiederholung für ihn langweilig wird und jegliche Spannung verliert.
Mein Tipp: Überdenken Sie, ob die Übung bei mehrfachem Wiederholen zum Beispiel unangenehm (anstrengend) für ihn ist. Sorgen Sie für mehr Abwechslung.

10 Cent oder 100 Euro

Ist die zu erwartende Belohnung für einen Hund zu niedrig (zum Beispiel ein trockener, geruchsneutraler Keks), so wird er sich vermutlich nicht besonders anstrengen, um an die „10 Cent“ zu kommen. Bieten Sie Ihrem Hund für einen Trainingsfortschritt „100 Euro“ (zum Beispiel gekochte Hühnerherzen, Katzenfeuchtfutter) an, wird er vermutlich vor Übereifer das Ziel verfehlen.
Mein Tipp: Es liegt an Ihnen, Ihrem Vierbeiner die passende „Summe“ als Lohn für seine Bemühungen anzubieten. Empfehlenswert ist es, bei einem besonders tollen Trainingserfolg einen Jackpot hervorzuzaubern: ein Leckerchen, von dem der Hund zuvor nicht ahnte, dass er so etwas Tolles bekommen würde. Dies bleibt ihm als besondere Auszeichnung im Gedächtnis.

Ein Konto voll Geld

Stellen Sie sich vor, Sie würden jeden Monat 10.000 Euro auf Ihr Konto überwiesen bekommen. Für das Geld müssten Sie keinen einzigen Finger rühren. Jederzeit ist es Ihnen sogar möglich, Geld von dem Konto abzuheben. Wann auch immer Ihnen danach ist gehen Sie zum Geldautomaten und erfüllen sich Ihre Wünsche. Klingt phantastisch, oder? Was meinen Sie: wie groß ist Ihre Motivation, einer geregelten Arbeit nachzugehen und auch solche Aufgaben zu erledigten, die Ihnen keine so große Freude machen? Tauschen wir in unseren Gedanken das Bankkonto gegen einen Fressnapf und die regelmäßigen 10.000 Euro gegen Futter aus. Nicht wir gehen zum Bankautomat, sondern der Hund zum Fressnapf. Was meinen Sie, wie groß die Motivation des Hundes ist, mit einem vollen Bauch (und vollem Fressnapf) sich weiteres Futter zu erarbeiten? **Mein Tipp:** Ist Ihr Hund leicht hungrig, so arbeitet er sicher sehr gern mit Ihnen, um seinen Bauch zu füllen.

Der Weg ist das Ziel

Jeder Hund hat – wie wir Menschen – eine andere Frustrationsgrenze. Diese Grenze wird oft erreicht und überschritten, wenn wir Menschen von unseren Hunden zu viel auf einmal fordern. **Mein Tipp:** Sie umgehen diese Grenzüberschreitung, indem Sie jeden kleinen

Der Napf ist leer!? Dagegen muss man etwas unternehmen!

Der Weg ist das Ziel! Geben Sie Ihrem Hund die Zeit, die er braucht, um Dinge zu lernen,

Trainingsfortschritt positiv bestärken, also belohnen. Warten Sie mit der Belohnung nicht erst so lange, bis der Hund die nächsten drei Trainingsfortschritte zeigt.

Gebranntes Kind scheut das Feuer

Besonders Hütehunde sind extrem flink darin, Dinge miteinander zu verknüpfen. Positiv daran ist, dass Ihr Hund sehr schnell versteht, für welches Verhalten er Belohnung erhält. Negativ ist, dass Ihr Hund sich auch direkt merkt, wenn etwas Schlimmes passiert ist. Knallt es beim Training, so kann es sein, dass Ihr Vierbeiner entweder zukünftig diese Übung meidet, da er die Aufgabe damit verknüpft hat, oder aber er meidet den Ort, da er den Knall mit dem Ort verbindet. Hat sich Ihr Hund beim Training Schmerzen zugefügt, sind auch hier mehrere Verknüpfungen möglich: Entweder mit dem Gegenstand, der ihm den Schmerz zugefügt hat, mit dem Ort, an dem es passiert ist oder gar mit dem Kommando, das Sie ihm in dem Moment gegeben haben.

Mein Tipp: Machen Sie eine Trainingspause und starten Sie nach einigen Minuten erneut. Beobachten Sie Ihren Hund genau, um herauszufinden, ob und welche Verknüpfung er gemacht hat. Wechseln Sie gegebenenfalls den Ort oder die Gegenstände aus. Hilft das alles nichts, so pausieren Sie mit dem Spiel und setzen erst nach ein paar Tagen an einem neuen Ort ganz neu an.

Der Mensch macht die Spielregeln

Die Intelligenz und Pfiffigkeit unserer Hunde gepaart mit deren treuen Augen lässt so manchen Hundehalter schwach werden. Nur allzu oft schaffen es unsere lieben Fellnasen, dass wir nach ihrer Pfeife tanzen.

Mein Tipp: Nehmen Sie alle Kraft zusammen und bleiben Sie in Ihrem Vorgehen und Ihrem Verhalten konsequent. So wird Ihr Hund dem folgen, was Sie von ihm möchten.

Lieb gucken und damit eine Belohnung erhalten? Das ist der Lieblingsjob wohl so manchen Hundes.

Vollgetextet

Achten Sie beim Training und auch im ganz normalen Alltag darauf, mit wie vielen Worten Sie Ihren Hund überschütten. Richtig ist, dass ältere und erfahrene Hunde verstehen, was wir von ihnen möchten, obwohl wir in ganzen Sätzen – um nicht zu sagen: in ganzen Texten – mit ihnen sprechen. Im Laufe der Zeit hat Ihr Hund gelernt, aus den vielen Wörtern die wenigen herauszuhören, die er gelernt hat und somit verstehen kann. Hinzu kommt, dass Ihr Vierbeiner Ihre Körpersprache sehr gut lesen und verstehen kann. Allein aufgrund Ihrer Stimmung und Körperhaltung weiß Ihr Hund, ob es gleich zum Gassi geht, Sie über ihn sprechen oder ob ein ungeliebter Besuch beim Tierarzt ansteht.

Mein Tipp: Machen Sie es Ihrem Hund leicht und verwenden Sie – zumindest im Training – so wenige Worte wie möglich. Alles andere überfordert ihn. Besorgen Sie sich ein kleines Notizbuch, in dem Sie neue Kommandos notieren. So wissen Sie morgen und in einer Woche, welches Wort Sie für ein Kommando genutzt haben.

Wild gestikulieren

Ganz ähnlich wie bei der Verwendung unserer Sprache verhält es sich auch bei den sogenannten Sichtzeichen oder Sichtkommandos. Hunde sind im Lesen von Körpersprache wahre Meister. In der Hundesprache sind kleinste Veränderungen der Haltung bereits deutliche Signale. Sehr schnell erkennt Ihr Hund, ob

Verwenden Sie immer die gleichen Sichtkommandos. Sonst ist Ihr Hund unter Umständen mehr mit dem „Übersetzen“ als mit der eigentlichen Übung beschäftigt.

sein Hundekumpel seine Ohren angelegt hat oder sie aufmerksam hält. Untereinander nehmen sie direkt zur Kenntnis, ob der Hundefreund gerade angespannt atmet oder ganz normal Luft holt. Wir Menschen hingegen nehmen es mit der Deutlichkeit unserer Sichtzeichen oft nicht so genau. Da wird das klassische Zeichen für „Sitz!“ (erhobener Zeigefinger) mal mit der rechten und mal mit der linken Hand gezeigt. Zunächst ist der Zeigefinger ganz klar Richtung Himmel ausgerichtet, dann wieder eher im 45-Grad-Winkel.

MEIN TIPP: Machen Sie Ihrem Hund das Leben und damit das Lernen leichter und achten Sie auf die Deutlichkeit Ihrer Sichtzeichen!

Service

Register

Literatur-Tipps

- Hense, Maria: **Der hyperaktive Hund**. Animal Learn Verlag, Bernau 2010
- Jakob, Anja: **Hundespiele für zu Hause**. Denksport, Tricks und Spiele. Verlag Eugen Ulmer, Stuttgart 2013
- Mahnke, Karina: **Powerspiele für Hütehunde**. Verlag Eugen Ulmer, Stuttgart 2014
- Schmitt, Annette: **Border Collie**. Verlag Eugen Ulmer, Stuttgart 2010
- Schmitt, Annette: **Australian Shepherd**. Verlag Eugen Ulmer, Stuttgart 2010
- Schnepper, Christiane: **Impulskontrolle für Treib- und Hütehunde**. Für mehr Gelassenheit im Alltag. Verlag Eugen Ulmer, Stuttgart 2017
- Schwartz, Charlotte: **Sheltie. Shetland Sheepdog**. Verlag Eugen Ulmer, Stuttgart 2010
- Sinner, Monika: **Clickern bis zur Prüfungsreife**. Sinnvoll – nützlich – zielorientiert. Verlag Eugen Ulmer, Stuttgart 2006
- Sondermann, Christina: **Denksport für Hunde**. Knobelspiele schnell und einfach selbstgemacht. Verlag Eugen Ulmer, Stuttgart 2017
- Sondermann, Christina: **Einfach schnüffeln! Nasenspiele für den Hundealltag**. Verlag Eugen Ulmer, Stuttgart 2017
- Sondermann, Christina: **KauSpiel-Spaß. Leckere Beschäftigungsideen einfach selbst gemacht**. Verlag Eugen Ulmer, Stuttgart 2014
- Weiß, Cordula: **Hundespiele für unterwegs. Denksport, Tricks und Spiele**. Verlag Eugen Ulmer, Stuttgart 2015

Website-Tipps

- **www.spass-mit-hund.de**
  Viele Anregungen für unzählige Spiele mit Vierbeinern
- **www.tierfotostudio.de**
  Website der Fotografin Eva Nimtschek
- **www.b4animals.de**
  Website der Autorin mit Infos zu Shows, Seminaren, Veranstaltungen, Ausbildung
- **www.crossdogging.de**
  Ein weiterer Beschäftigungstipp für Hütehunde
- **www.cfbrh.de**
  Beim Club für Britische Hütehunde e. V. findet man mehr Infos über (britische) Hütehundrassen
- **www.zos-zielobjektsuche.de**
  Umfangreiche Website der Hundeschule Baumann zum Thema ZOS mit Terminen, Meisterschaften, Regeln u. v. m.
- **www.jad-dogs.de**
  Website von Mica Köppel mit Videos, Tipps und Terminen zu JAD Dogs
- **www.hundesportboden.de**
  Bodenbelag für tierisches Indoortraining

Über die Autorin

Marion Albers teilte bereits ihre Kindheit mit Hunden. Später wurde aus der Liebe zu den Vierbeinern eine Berufung und schließlich ein Beruf: Die Film-Hund-Agentur, das Team der DogFrisbee-Show sowie die Organisation von Hundegroßveranstaltungen und „ganz normales" Familienhund-Training gehören heute zu ihrem Tätigkeitsfeld.

Dank der Autorin

Um Wünsche wahr werden zu lassen, bedarf es eines zwei- und vierbeinigen Teams, das sich von einer Idee begeistern lässt und vertrauensvoll und mit viel Spaß an der Umsetzung mitarbeitet. Danke für die schöne und intensive Zeit mit euch allen. Danke für die Locations, die tollen Fotos und all den Einsatz der Zwei- und Vierbeiner. Danke Emma – ohne dich wäre ich nicht, wer und was ich bin.

Impressum

Die in diesem Buch enthaltenen Empfehlungen und Angaben sind von der Autorin mit größter Sorgfalt zusammengestellt und geprüft worden. Eine Garantie für die Richtigkeit der Angaben kann jedoch nicht gegeben werden. Autorin und Verlag übernehmen keinerlei Haftung für Schäden und Unfälle. Der Leser sollte bei der Anwendung der in diesem Buch enthaltenen Empfehlungen sein persönliches Urteilsvermögen einsetzen.

Bildnachweis
Titelbild: Tierfotoagentur.de/T. Bauer
Peter Schickert: Seite 4, 20, 21, 50, 51, 59, 60, 63, 64
Marion Albers: Seite 16, 36, 40, 63, 65 und Buchrückseite
Hundestar/Ralf Repp: Seite 62
Ina Baumann: Seite 66, 67
Mica Köppel: Seite 68, 69
Alle anderen Fotos im Innenteil und auf den Buchklappen stammen von Eva Nimtschek (www.tierfotostudio.de)

Bibliografische Information der Deutschen Nationalbibliothek
Die Deutsche Nationalbibliothek verzeichnet diese Publikation in der Deutschen Nationalbibliografie; detaillierte bibliografische Daten sind im Internet über http://dnb.d-nb.de abrufbar.

Hinweis: Der Verlag Eugen Ulmer ist nicht verantwortlich für die Inhalte der im Buch genannten Websites.

Wollgrasweg 41, 70599 Stuttgart (Hohenheim)
E-Mail: info@ulmer.de
Internet: www.ulmer.de

Lektorat: Adina Lietz, Kathrin Gutmann
Herstellung: Ulla Stammel, Birgit Heyny
Umschlag: Katharina Merz
Satz: r&p digitale medien, Echterdingen
Reproduktion: timeRay, Jettingen
Druck und Bindung: Druck Westermann, Zwickau
Printed in Germany

ISBN 978-3-8186-0711-1